《新华新媒体研究系列丛书》编委会

执行主编：房　方　唐润华

新华新媒体
研究系列丛书

视听的旅程

——交通工具移动电视概览

陈 怡◎著

人民出版社

责任编辑：陈鹏鸣　周　澜　徐　芳
封面设计：北京市仁爱教育研究所

图书在版编目（CIP）数据

视听的旅程：交通工具移动电视概览／陈怡著. -
北京：人民出版社，2012.7
（新华新媒体研究系列丛书／李从军主编）
ISBN 978 - 7 - 01 - 011030 - 1

Ⅰ. ①视… Ⅱ. ①陈… Ⅲ. ①交通工具 - 数字电视 -
研究Ⅳ. ①TN949. 197

中国版本图书馆 CIP 数据核字（2012）第 152945 号

视听的旅程：交通工具移动电视概览
SHITING DE LUCHENG：JIAOTONG GONGJU YIDONG DIANSHI GAILAN
陈 怡 著

人 民 出 版 社 出版发行
（100706　北京朝阳门内大街 166 号）
北京中科印刷有限公司印刷　新华书店经销
2012 年 7 月第 1 版　2012 年 7 月北京第 1 次印刷
开本：787 毫米×1092 毫米　1/16　印张：14
字数：270 千字

ISBN 978 - 7 - 01 - 011030 - 1　定价：32. 00 元

邮购地址　100706　北京朝阳门内大街 166 号
人民东方图书销售中心　电话 (010)65250042　65289539

认识和把握新媒体发展带来的挑战与机遇
（总序）

李从军

　　进入二十一世纪以来，在以数字技术、网络技术为核心的信息传播技术的推动下，新媒体发展日新月异，媒介融合愈演愈烈，正在引发新闻信息生产和传播方式的重大演变，导致各国乃至世界范围内传媒格局的重大变革，并且对全球政治、经济和社会发展产生重大影响。

　　新媒体的迅猛发展打破了传媒机构对新闻信息传播的垄断，使得传播的主体更加多元。由于手机等信息网络移动终端以及各种社会化媒体的功能越来越先进，操作越来越简易便捷，不但极大地提升了信息传播的速度和广度，丰富了信息传播内容，而且对传统媒体机构的信息传播带来了挑战，也使社会舆论变得更加多元，增加了舆论传播的复杂性。

　　新媒体的发展及其带来的变化无疑将对传统媒体带来全方位的冲击。首先，传统媒体的主体市场地位受到影响。由于新媒体的崛起及其具有的独特优势，越来越多的受众从传统媒体流向新媒体。在一些发达国家，传统媒体已经呈现日益衰落迹象。其次，传统媒体的新闻信息生产方式受到影响。受众接收新闻信息行为习惯的改变，对传统媒体提供的新闻信息提出了全新的要求，原有的新闻信息内容结构、呈现方式和传播手段已经不能满足受众需求。新闻信息的采集、加工、发布方式必须加以改革才能适应形势发展。

　　面对这样的变化，传统媒体像过去那样依靠单一产品（业务）、单一市场、单一商业模式显然已经不能适应新的竞争环境，但要改变传统的经营方式却又面临观念、体制机制和人才资源等因素的制约，因此，求生存、谋发展面临空前的压力。但同时，对传统媒体来说，新媒体的发展也意味着新的机遇和可能，它为传统媒体改善现有业务、开发新兴业务、扩大受众范围、拓展市场空间等提供了新的手段、平台和途径。

在这样的大背景下，全球传媒业生存环境和竞争格局正在发生前所未有的深刻变化。随着世界多极化、经济全球化深入发展，特别是受国际金融危机的冲击，许多发达国家媒体发展速度放慢甚至出现运营危机，一些全球性媒体机构收缩调整业务，多家著名报刊被出售或停刊，不同国家、不同地区、不同形态的媒体之间整合重组愈发剧烈，世界范围内媒体机构实力此消彼长。世界各地媒体机构特别是国际一流传媒集团都在想方设法积极应对国际传媒格局调整，在组织架构、技术支撑、产品形态、传播载体、网络布局、品牌建设、市场推广等方面加大改革创新力度，力图进一步壮大实力，拓展业务和市场空间。传统媒体与新兴媒体在相互竞争的同时加快相互融合、逐步实现多元化共同发展，传媒业与其他行业的交流合作与渗透融合不断深化，跨媒介、跨产业融合的全球传播新格局正在逐步形成。

媒体机构要想在新的竞争环境和传媒格局中生存和发展，就必须积极应对和准确把握新媒体发展带来的挑战和机遇，顺应信息传播技术的新发展，顺应当代新闻信息传播的新变化，顺应媒介融合的新趋势，顺应公众和传媒市场的新需求，充分运用世界最先进的传播技术和手段，改造传统媒体业务，建设新的业态，抢占新兴媒体市场，拓宽传播渠道，提升产品和服务质量，增强权威性和公信力，创新传播载体手段和方式，不断提高传播能力和市场影响力，实现事业科学发展。

正是基于这样的认识，为了更好地适应数字化时代新闻信息传播发展趋势，不断提升新闻传播力、舆论引导力、市场竞争力和国际影响力，新华社近几年来实施了以"三个拓展"为重点的战略转型：

一是由传统新闻产品生产为主向现代多媒体新闻信息业态拓展。信息技术的迅猛发展，使多媒体新闻信息传播成为可能并逐渐形成强势，多元化的传播渠道对新闻信息产品提出了新的更高要求。如今，多媒体经营、不同媒体形态相互融合与拓展，已经成为世界媒体发展的大趋势，国际知名媒体机构一般都拥有报纸、广播、电视、网络等现代多媒体传播业态。要在激烈的新闻竞争中胜出，就必须转变传统的新闻信息产品生产观念，调整生产和传播模式，将多媒体运行理念和操作模式运用到新闻信息产品生产的全过程，积极运用新技术，创新内容、形式、方法和手段，加快建立多媒体新闻信息业态。

二是由面向媒体为主向直接面向终端受众拓展。在资讯高度发达、传播方式日趋多样化的今天，通讯社单一的向媒体供稿方式越来越不适应形势和现实的要求，迫切需要产品更多地直接面向终端受众。拓展直接面向终端受众的传播渠道和传播载体，是提高核心竞争力的必由之路。因此，要进一步创新思路，通过多种有效载体和传播途径，使报道、产品和业务尽可能更多地直接面向受众，直接服务受众，直接影响受众。

三是由立足国内为主向有重点地更大范围参与国际竞争拓展。长期以来，国际舆论竞争中"西强我弱"的总体态势没有得到根本转变，西方几大主要媒体几乎垄断了世界的新闻信息发布，他们从自身意识形态和价值观出发，制订标准，设立规则，控制国际舆论，影响世界受众。打破西方媒体垄断格局和话语霸权，努力构建国际舆论新秩序，已经成为一项十分紧迫的重大现实任务和战略课题。作为国家通讯社，新华社必须以更加积极主动的姿态，在更大范围参与竞争，努力抢夺在国际舆论体系中的话语权，不断增强国际影响力。

实施战略转型的目的是将新华社建设成为世界性现代国家通讯社和国际一流的现代全媒体机构。80年来，新华社不断拓展媒体业态，从过去以传统通讯社业务为主，发展到目前融通讯社业务、报刊业务、网络业务、新媒体业务、电视业务、金融信息业务和多媒体数据库业务为一体的全媒体业务形态，为提升传播力和影响力、更加有效地参与全球媒体竞争奠定了坚实基础。

一家媒体是否算得上真正的全媒体机构，可以从内容形态、媒介形态、产业形态和组织形态四个方面去考察。内容形态是指拥有全球性文字、图片、音视频、网络、新媒体、财经资讯等多媒体内容采编播发能力；媒介形态是指拥有以信息网络数字先进技术为支撑的、面向国际国内各类受众的现代新闻信息传播媒介、载体的终端；产业形态是指拥有通过资本化、公司化、市场化运作，广泛覆盖国际国内市场的各类新闻信息产品，并形成较为完善的产业链，以及若干支撑事业发展的支柱性产业和产业园区；组织形态是指拥有若干个媒体集群及公司的集团化组织架构、跨国跨地区的国际化机构、与现代传媒生产相适应的集约化管理体系。这四种形态构成有机统一体，缺一不可。要建设国际一流的现代全媒体机构，就必须始终不懈地在创新、完善、发展这四种形态上下功夫。

　　在传媒格局发生巨变的形势下，建设国际一流全媒体机构不但是一项重要而迫切的任务，也是一项极其艰巨和复杂的工程。在这个过程中，将面临很多从未遇到过的新情况、新问题，仅凭以往的知识积累和工作经验，将无法适应发展的新需要，无法解决实践的新问题。因此，必须结合形势发展和工作实际，自觉学习战略转型所需的各方面知识和技能，加快知识更新，优化知识结构，通过培养世界眼光，增强战略思维，提高综合素质，把握新趋势、破解新难题、实现新发展。

　　这正是我们编辑出版《新华新媒体研究系列丛书》的动因和初衷。希望这套丛书有助于大家对新媒体的理论与实践有更系统、更深入的了解，有助于传媒业界和学界人士开阔视野、拓宽思路，有助于我国传媒业的发展和研究。

　　作为编委会主任，我对这套丛书的诸位作者以及所有为丛书出版付出心血和辛劳的人致以衷心的谢意。

（作者系新华通讯社社长）

目　　录

目●录

第一章　交通工具移动电视概述

1.1　走近交通工具移动电视

1.1.1　交通工具移动电视的概念及分类

数字技术的发展是交通工具移动电视成长过程中的重要分野。在数字时代到来之前，"交通工具移动电视"是指在汽车、火车、飞机等交通工具上安装电视机，播放 VCD、DVD 光盘，使乘客享受视听影像的乐趣，消除旅途的乏味和疲劳。

随着科技的发展，电视数字技术迎来了新的电视媒体时代——数字时代。如今，交通工具移动电视是指以数字技术为支撑，通过无线数字信号发射、地面数字接收的方式播放和接收电视节目。主要分布在公交车、长途客车、出租车、火车、飞机、地铁、轮船以及私家车等各种交通工具上，可以说是传统电视媒体的延伸。有人甚至把公交移动电视称之为继报刊、广播、电视、网络、户外之后的"第六媒体"。

1.1.2　交通工具移动电视的特点与优势

作为一个新媒体形式，交通工具移动电视有着自己的特点和优势，虽然公交电视、地铁电视、列车电视、航空电视等略有不同，但毕竟是同胞兄弟，大同小异，归纳起来主要有以下几个方面：

1.1.2.1　数字化带来的视觉优势

交通工具移动电视以数字电视技术为支撑，凭借数字电视的无线方式传输，已经基本消除了模拟电视时代因传输问题产生的屏幕雪花、重影、闪动等现象，画面清晰、接收稳定，具有高画质、高音质、高性能等数字优势。

1.1.2.2　移动接受带来的无空间限制优势

移动电视摆脱了固定收视，实现了边走边看这个重大变革，使电视拓展了竞争空间，开拓了"移动收视"的新时代。人们收看电视将不再受到空间的限制，看电视不再是只能在家庭等固定场所进行的活动。

据 2008 年上海市民信箱的调查显示，74.4% 的市民选择公共交通作为最主要的出行方式，多数在车上停留时间为一小时左右。由于车内拥挤嘈杂，不便看书或听广播，移动电视则提供了相对丰富的资讯环境，利用起原本易被浪费的时间。世博期间，外来游客大量入沪，上海人口的流动性增大，移动电视既是游客获取世博实用信息的便捷途径，也是展示上海城市形象的生动平台。据 2010 年 7 月东方明珠移动电视《世博信息播出效果调研问卷》①显示：市民前往世博园途中，曾乘坐或准备乘坐的交通工具为公交和地铁的，占总数的 96.36%；在乘坐公共交通时，97.83% 的市民会关注东方明珠移动电视播出的各类世博资讯。

1.1.2.3　无线数字传输带来的即时性优势

数字移动电视节目可以录播、转播，也可以现场直播，通过无线数字发射，即时收看。在交通工具上也能第一时间获取最新的信息，极大地满足了快节奏社会中人们对于信息即时性的需求，例如，2007 年 5 月，在北京移动电视开播三周年的庆典仪式上，北京市交管局副局长翟双合宣布，设在市交管局奥运指挥大厅内的"北京移动电视交通路况直播中心"正式启动。"直播中心"通过交管局遍布全市的监控探头掌握路况信息、捕捉道路画面，实现路况直播和交通信息实时播报。目前移动电视编辑制作了《出行导航》、《走吧》、《整点路况播报》等路况直播节目，在每天交通高峰时段随时播出最新的道路交通信息。

1.1.2.4　强迫收视带来的广告传播效果优势

传统电视追求互动传播，把"被动接受"看作一大缺陷，但在移动电视盈利模式中，"被动接受"反而成了优势。在地铁、公交车、列车等环境下，移动电视具有空间封闭、强迫收视、频道固定的特点，这种垄断性传播决定其有无可比拟的广告优势。

央视－索福瑞调查报告显示，乘客在公交车上看移动电视，遇到广告继续收看的比例达到 82.9%。同时，交通工具移动电视的广告费用远远低于在传统电视上做广告，这也成为其吸引广告商的一大因素。例如，根据江西传媒移动电视公司提供的数据显示，其移动电视广告的千人成本仅为 5.42 元，而传统电视的千人成本为 20.64 元，杂志为 20.80 元，报纸为 13.28 元。再以鼎程传媒的列车电视广告为例，在列车上播出一个 15 秒的广告仅需 100 元，列车的广告费用仅相当于传统媒体广告费用的 1/10。② 据 CTR 调查，中国移

---

① 陶文静：《移动电视对世博会的传播功能及发展建议》，新媒体研究网 http://www. newmediastudy. org/? p=51

② 苑文越：《广源传媒投资四亿 何时扭亏为盈?》，http://it.sohu.com/20071217/n254122321. shtml

动、宝洁、五粮液等中国列车电视全年投放客户单次有效 CPM 平均仅为 4 元。[①]

1.1.2.5　海量的受众群体带来的潜在消费能力优势

移动电视拥有巨大的受众群体。

以公交车为例，数据显示，北京市公交车数量已达到 2 万多辆。2010 年 9 月，中秋三天假期，在北京，每天有超过 1800 万人次乘坐公共交通工具出行。其中，公共电汽车日均运送乘客达 1320 万人次，地铁日均超过 500 万人次。[②] 而随着 2010 年底更多地铁新线路的开通，北京市地铁日均客流更是攀升至日均 600 多万人次。

以列车电视为例，全国列车年运载量 2003 年达到 13 亿人次。[③] 据 CTR 对列车乘客的调研发现：乘客中男性占 61%，21 至 40 岁占 64%，大专及以上学历占 65%，个人平均月收入为 2750.7 元，企业主、企业管理者、办公室白领占有相当大的比例。他们的出行目的以商务出差、旅游、探亲访友为主，具有极高的消费欲望和消费能力，对新事物、新资讯接受力强，并会主动获取信息。[④]

以航空电视为例，中国 2010 年乘坐民航客机出行的旅客人数达到 2.67 亿人次。北京首都国际机场旅客吞吐量 2010 年首次超过 7000 万人次，世界排名上升至第 2 位；上海两个机场、广州白云机场旅客吞吐量分别首次超过 7000 万和 4000 万人次；青岛、大连机场旅客吞吐量首次超过 1000 万人次，全国旅客吞吐量超过 1000 万人次的机场达 16 个。业内专家评价指出，中国民航正加速向大众消费的普通运输工具转变。[⑤]

1.1.2.6　应急信息发布带来的公益事业优势

交通工具移动电视一方面可以为广告商带来盈收，同时，由于具有广泛的传播能力、灵活的节目调整和制作能力以及良好的公信力，移动电视还具备"疏导人群，指导避险"的城市应急信息发布功能，具有社会公益事业性质，可以作为气象灾害预警、城市应急指挥等公益信息的重要传播渠道。

各地争相对这一优势功能进行开发利用。

---

① 数据来源：《中国动车列车电视媒体简介》，http://www.allchina.cn/communication/space/viewspacepost.aspx? postid = 189638
② 刘冕：《北京地铁公交日运乘客 1800 万》，《北京日报》2010 年 9 月 25
③ 王亚、袁媛、王敏：《电视新亮点：公交移动电视》，《新闻前哨》2006 年第 4 期
④ 赵建飞：《列车移动电视的传播学解读》，《新闻实践》2006 年第 3 期
⑤ 林红梅：《中国民航 2010 年运输旅客 2.67 亿人次》，新华网 http://news.xinhuanet.com/fortune/2011 - 01/11/c-12968277.htm

以上海为例，非典期间，公交移动电视每天滚动播放防范非典的宣传内容，增强了市民的自我防范意识，成了宣传防范非典的窗口。世博会期间，东方明珠移动电视的突发信息传递价值备受重视。2010年6月19日是世博园开园第50天，早上8点55分，东方明珠收到从世博会运行指挥中心发出的即时消息："浦东高科西路入口拥挤，建议游客到毗邻的上南路入口进园"。移动电视节目编播中心快速反应，组稿、配音、制作、灌录一气呵成，收到信息仅2分钟后就以滚动字幕"最新消息"形式抢发出去；6分钟后，图版配音版本发布，对分流人群、疏导游客发挥了快速而积极的作用。

2010年，在第八届中国广告与品牌大会上，上海东方明珠移动电视凭其在2009年对各类重大事件及突发事件的负责报道，荣获"新媒体社会责任特别大奖"，也印证了整个社会对交通移动电视公益价值的肯定。

1.1.2.7 基于特定时间和空间的分众优势

不同的人群有不同的消费习惯和能力，他们也会选择不同的交通工具，这为分众传播提供了良好的条件。清华大学新闻与传播学院副院长尹鸿就表示，列车电视的差异性节目编排能给节目收视和广告传播带来事半功倍的效果，比如从北京到上海、北京到大连，这些线路所运载的乘客整体层次相对更高，不同地区配置差异性节目的节目编方式将会给在此平台上投放的广告带来更好的效果。列车移动电视能准确以地区差异来进行差异化节目编排。同时，列车电视的受众群体与航空电视的受众群体也是有区别的，更为"高端"的航空电视上出现的广告也是更为高端的汽车类和金融类广告。

1.1.3 交通工具移动电视的影响

1.1.3.1 移动电视弥补了传统电视"盲区"

如前文所述，乘坐公共交通工具的人数众多，如此庞大的受众市场是传统电视的"盲区"，而移动电视正好弥补了这部分盲区。移动电视广泛应用于城市公交车、商务车、出租车、私家车以及火车、城际客车、地铁、飞机等各个系统，其传播或服务的对象囊括城市及城市之间人群密集区域的流动人口，让出门在外的人有了新的媒介选择。电视媒体真正实现了无处不在。

1.1.3.2 数字移动电视开辟了一个新的行业局面

移动电视行业的兴起和发展需要大批量的设备投入使用，受益最大的将是家电行业，特别是传统的彩电制造企业。中国有200多个大中型城市，以每个城市3000辆公交车、每车安装2台移动电视计算，200个城市将总共消费120万台数字移动电视机，这足以让各电视机制造企业垂涎欲滴了，更何况还有地铁、出租车和列车市场等等。①

但想分享移动电视这个蛋糕的并不仅仅是电视企业，一些传统的碟机生产企业，比如新科、万利达等，都在陆续推出以移动 DVD 为蓝本，加入移动电视接收模块的新产品。此外一些做数码相框、GPS 和 MP4 的企业，也在跃跃欲试加入到移动电视产业中来。毋庸置疑，交通工具移动电视行业的发展将开辟一个新的行业局面。

1.1.3.3 移动电视为传统电视行业带来发展的新机遇

2009 年 5 月刊登于《广播电视信息》的《我国数字移动电视的现状及其探索》一文，从电视事业的发展角度对此进行阐述。

从目前来看，电视广告收入已经成为各电视台的主要经济来源，即使在多种经营比较发达的电视台，广告收入在全部经营收入中所占的比重也高达90% 以上，广告是电视台赖以生存和发展的经济基础，广告业是电视传媒产业结构体系中的支柱产业。

这个支柱产业现在却面临严峻的形势，一方面互联网的发展使得行业、地域的界限越来越模糊；另一方面楼宇电视、小型闭路电视系统也在快速发展，政策保护所形成的垄断即将被打破，这使得电视行业广告发展空间受到很大制约，以广告收入为主要经济来源的广电行业发展受到了严重的挑战。在新的竞争形势下，传统电视台纷纷绞尽脑汁，寻找自己的生存和发展新途径。

移动电视不仅可以为移动人群提供电视节目、还可以提供资讯信息等个性化服务，拓展了传统电视行业的服务范围，为电视广告提供了新的观众群体，给电视行业带来了新的发展空间和机遇。

1.2 产业链与发展模式

1.2.1 交通工具移动电视的产业链

交通工具移动电视的产业链比较复杂，不同种类的交通工具移动电视的产业链具体环节也各有区别。求同存异，总体看来，交通工具移动电视主要包括如下几个环节：节目内容提供商、软件供应商、硬件供应商、移动电视运营商、媒体广告运营商、终端载体供应商、传输平台、移动电视终端用户、广大商家、企业。下面做一点简单介绍。

---

① 田晓娜：《移动电视行业：太阳刚刚升起》，赛迪顾问 http://blog.sina.com.cn/s/print-492be8
c201000bz5.html

1.2.1.1 节目内容供应商

由于我国移动电视的运营主体是当地有能力开展移动电视试验的广电部门，因此移动电视的内容呈现出以广电部门现有内容为主，非广电外部资源为辅的格局。节目内容供应商主要有三类：

一是传统的电视台。

内容是北广传媒、东方明珠等传统媒体进军移动电视领域的一大优势，他们凭借丰富的视频资源和人力资源优势，在内容提供方面占据优势。把传统电视台收视率较高的节目根据移动电视的收视特点稍作编排即可播放，节省了不少人力、物力、财力，同时，节目本身的质量也有保证。利用广电现有节目源通常有以下两种形式：

1、和传统电视台的节目实现同步播出。

新闻等时效性较强的节目多采用同步直播的方式。例如，上海移动电视播出的各类新闻节目就主要选择中央电视台和上海文广的实时内容。青岛移动电视对重大事件、会议、重大赛事等实现直播。2008年奥运会期间，北京市民中有24.9%通过公交移动电视收看赛事直播。2009年10月1日，东方明珠移动电视、北广传媒移动电视、西安移动电视等都对国庆60周年阅兵式进行了实时转播。

2、对传统电视台播出的节目进行再编辑和再加工后播出。

此类主要是非新闻性内容。主要是受观众喜爱，但是节目时长、形式等不适合在移动平台上播出的内容。需要根据移动平台的特点和收视人群的特点进行重新编排和加工后进行播出。

广电拥有丰富的节目源，因此，能够提供强大的内容支持，也在一定程度上节约了节目制作的成本。但是，由于收视环境、收视时间等有别于传统电视，因此，公交移动电视的编排必须有别于传统电视，必须要有懂得移动电视传播特点的专门人员进行节目加工，而非简单的缩短节目时间。

二是一些市场化的节目内容提供商。

例如在公交和地铁上颇受欢迎的绿豆蛙的制作方，苏州蓝雪文化传媒有限公司制作等，他们凭借灵活性和更加敏锐的市场触角与传统电视媒体展开竞争。再如航空电视领域的第七传媒。由第七传媒独家制作的日更新电视栏目《空中新闻》，在各大航空公司的航机视频上广受推崇，被誉为"空中的新闻联播"。另外，航空电视的节目中，电影所占比重相当大，因此，电影制作公司，如美国的好莱坞、中国的电影集团等成为机上播放电影的重要来源。

三是运营商本身也有能力独立制作或者与他人合作部分节目。

近年来，运营商与政府管理部门、商业机构合作制作的信息类节目广受欢迎。一方面，利用公交移动电视平台能实时传播信息的特点，运营商与当地的交管部门合作，提供实时的交通路况信息和出行参考，或是与气象部门合作，提供天气预报等天气信息，发挥其公共服务平台的公益功能；另一方面，与商业机构合作，发布餐饮、出游、打折促销等生活服务类信息，不但为乘客提供了便利的生活信息，也为商业机构提供了一个传播平台。

1.2.1.2 运营商

交通工具移动电视运营商通过购买硬件和软件设备搭建业务平台，并通过购买或制作内容把移动电视业务推广到终端平台。运营商因为掌握了节目内容发布平台和频率资源，在产业链中处于最为关键的环节，主导着整个产业链的发展。

移动电视运营商主要有两大类：一是有传统电视媒体背景的公司，如：北广传媒移动电视有限公司、湖南广电移动电视有限责任公司等。二是市场化背景的公司，如：公交电视领域的世通华纳文化传媒有限公司，地铁电视领域的华视传媒，列车电视领域的鼎程传媒，航空电视领域的航美传媒等等。有传统电视媒体背景的运营商受地域限制，难以在全国范围内实现扩张，因此，在未来发展中略逊于市场化的运营商。

1.2.1.3 设备生产商

设备供应商在交通工具移动电视产业链中是非常重要的推动力量。设备生产商主要是提供发射设备以及终端接收和显示设备。目前国内有100多家企业在争食车载电视这块"巨大蛋糕"。这些企业来自三类：

一是传统的家电生产企业，如海信、海尔、创维、厦华、长虹等，这类企业规模技术实力强，目前国内公交车、出租车、火车等的车载电视市场基本上被他们垄断。

二是我国从事汽车影音系统生产的企业，如惠州华阳、深圳航盛、佛山好帮手等，这类企业主要在做后装市场和出口市场。

三是外资或合资品牌企业，如阿尔派、松下、歌乐、西门子威迪欧等，这类企业主要占据着我国移动电视的前装和后装市场。

此外，机载电视是在飞机的生产环节就选择并安装了，机上电视娱乐设备的质量标准由飞机生产商负责建立和控制。因此，飞机生产商也在产业链中扮演着重要角色。

1.2.1.4 技术提供商

技术提供商是保障移动电视在技术层面正常运营的主要因素。移动电视技术提供商的主要任务主要包括：提供能够被客户认可的技术系统方案。技术系统方案中又包括软件接收方案和硬件解决方案。软件解决方案中，我国的移动电视必须为不加密接收，也就是不含有条件接收（CA）系统，而硬件解决方案主要包括数字电视制作与传输系统的器材和接收设备等方面的规划和管理。

例如：青岛海信集团就作为技术提供商为巴士在线提供技术支持。再比如，在航空电视领域，目前国内最知名的技术提供商是松下和泰雷兹。松下专门从事舱内内容和服务的开发和管理业务。泰雷兹为超过 40 家航空公司提供机载娱乐系统。新发布的泰雷兹 TopSeries 系列 IFE 系统得到了全球各航空公司的青睐，其灵活的设计适用于单通道和双通道客机。

1.2.1.5 受众

与传统媒体不同，交通工具移动电视的受众有以下几个最为突出的特点。

一是数量庞大。2010 年 9 月，中秋三天假期，在北京，每天有超过 1800 万人次乘坐公共交通工具出行。中国 2010 年乘坐民航客机出行的旅客人数达到 2.67 亿人次。2011 年，根据交通运输部提供的预测数据，春运期间全国道路旅客运输量达 25.56 亿人次，日均 6390 万人。如此庞大的人群都是交通工具移动电视的潜在受众。

二是被动接收。过去由于电视频道匮乏，受众基本上处于"你播——我看"的被动接收状况。随着技术的进步，频道的增多，受众可以拿着遥控器自主选择自己想看的频道和电视节目。然而，交通工具移动电视的出现，受众又一次成了被动的接收者。其强制性传播使得受众身处不管是公交、地铁、还是飞机、列车上，都没有选择电视频道的余地。甚至都不能关掉电视。[1]

三是消费能力强。一般工薪阶层和中产阶层构成了接收交通工具移动电视的主力军。从上海公交车的乘客来看，大部分为在职人士，除了学生和一般工人以外，白领以及企业管理人员也占据一定比例，白领占了乘客总量的 22.1%，而企业管理人员占 12.1%。[2] 这些人也是社会消费的主流人群，具有一定的购买力，这个庞大的受众群也是广告商非常看重的广告投放目标。特别是航空机载电视的受众更可以称得上是高端受众，无论是其群体质量、消费能力、消费意愿等都位居社会各阶层前端，是社会经济和文化发展的中流砥柱，更是社会消费市场的主力军。

---

① 如云 ITCOM：《移动电视技术与行业探讨》，http://www.tianyablog.com/blogger/post-show.asp? BlogID=350272&PostID=5095530

② 张骏德、李小翠：《公交移动电视的传播学解读》，《新闻记者》2005 年第 8 期

1.2.2 交通工具移动电视的盈利模式

如何拓展这一新型传播媒体，开展有效市场经营，构建新的运营模式，培育新经济增长空间，这对于移动电视的产业化运作显得尤为重要。要实现产业的良性发展，应该积极寻找移动电视的盈利渠道。不过，由于是安装在公共交通工具上，因此，盈利方式相对其他媒体比较有限，目前，最具可行性的依然是传统的广告经营收入。随着技术的发展，其他盈利模式也将成为可能。

1.2.2.1 *传统的广告经营收益*

广告收入是移动电视的主要利润来源。目前全国开展移动电视业务的城市，都看中了这一商机。经过多年的经验累积，移动电视的广告运作已经非常成熟，吸引了众多的广告客户。

1.2.2.1.1 *交通工具移动电视广告特点*

不同的交通工具移动电视基于各自的媒体特色和不同的受众群体，也呈现出不尽相同的特点。总体来看，呈现出以下共同特点：[1]

第一、广告覆盖面广。

移动电视可以在公交车、出租车、商务车、私家车、轻轨、地铁、火车、轮渡、机场及各类流动人群集中的移动载体上广泛使用，应该说，它的出现填补了媒体的一个空白，这为依托它而存在的移动电视广告提供了发布的广泛空间，广告自然也会覆盖到上述地方。

与传统电视不同，移动电视单一节目时间短（5 分钟 – 10 分钟，最长不超过 15 分钟，适于短途旅客收看），频次高（任何一档节目每周出现 15 次左右，均衡分布在一周的 7 天之内，一天的 16 小时之内），广告插播时间短（2 分钟左右），[2] 这种横向、纵向的交叉覆盖大大扩大节目和广告的覆盖面积，保证能与更多的观众见面。

第二、广告受众多，目标接触率高。

有人说移动电视是"电视长了脚，跟着乘客跑"。这说明移动电视最初就是在交通工具上"移动"的。交通工具上的乘客无需个人投资，也不用交收视费，只需付出眼球和耳朵的"注意力资源"就行。从这一点来说，发展数字移动电视带有社会公益性，很易被乘客接受。应该说，移动电视的广告受众自然很多，而且接触率也很高。

---

① 胡忠青：《移动电视的广告优势》，《中国市场》2005 年第 7 期

② 胡刚：《移动电视：从此广告更"动"人》，中国营销传播网 http：//www.emkt.com.cn/article/174/17416.html 2004 – 08 – 26

第三、广告的收看具有强制性。

公交移动电视受众处于一个封闭的环境当中，乘客没有选择节目的权利，但只要置身公共交通工具内，就无法避免移动电视声像的干扰，即使看不到图像，也不可回避地接受到来自电视广告节目声音所传递的信息。传播信息流失比较少，这对于企业和广告代理商来说无疑诱惑巨大。与此同时，乘客处于等待到达目的地的时间中，大多无事可做，容易对交通工具移动电视产生注意力和记忆力。

第四、广告投放针对性强。

移动电视目前多出现在城市公交、地铁、出租车、列车等各个系统，其传播或服务的对象囊括城市人群密集区域的流动人口，不同时段，不同的线路，不同的交通工具，其乘客都有不同的特点。根据这些特点，可以进行有针对性的广告投放，从而起到事半功倍的效果。

以公交车载电视行业的代表——世通华纳的广告投放为例：世通华纳的专业销售团队通过与客户的细致沟通，了解客户的产品定位、媒体佳话、投放目标等，为客户量身定做广告投放计划。通过播出时间、播出频次和各地露出计划等切实可行的执行方案，有效地帮助客户实现营销目标。广告可以是任意城市、任意时段、任意节目的组合。

再以列车电视的广告投放为例，列车电视广告可以根据广告商的个体需求，制定有针对性地媒体投放策略和计划，既可以全国统一投放，也可以分区域投放。例如只选择华北地区或华南地区，还可以实现单省、单线投放。以 2009 年春节，鼎程传媒的广告为例，为了满足不同预算的客户的传播需求，此次推出的春节套装产品多达六种之多，既可单独投放，也可叠加、组合投放，以 45 天的投放时间为核算单位，既可缩小投放时间为 30 天，也可增加投放时间，非常灵活多样，方便广告客户根据需求进行自主选择。

1.2.2.1.2 交通工具移动电视广告经营模式分析

作为我国交通工具移动电视的主要收入来源，广告经营的好坏，决定了一家移动电视的生存状况和竞争能力。我国现有移动电视广告的经营模式主要有以下三种模式：

一是和代理广告公司合作共同进行广告经营。

上海东方明珠移动电视公司的广告经营就是采用和代理广告公司合作、共同经营的模式。以上海东方明珠移动电视公司为中心，制定移动电视媒体广告总量，并成立自己的广告部，负责其中50%的广告额，其余50%由广告公司代理。双方共同经营，共担风险，共享利益。在这一模式下，运营商直接掌握最新的市场数据，了解受众需求，能够更好地对节目进行调整，找到合适的广告模式。

　　二是完全外包的广告经营。

　　北广传媒移动电视有限公司采用的就是完全外包广告的经营模式，由华视传媒全权代理其广告经营。这一模式可以说是有利有弊。一方面，由于华视传媒有全国性的网络平台，具备规模效应，同时，在广告经营方面有着丰富的经验和专业的团队，对于运营商而言，可以起到事倍功半的效果。但在另一方面，移动电视的运营商与广告客户和受众割裂开来，其播出的内容与广告的配合度就有可能出现不协调的情况。

　　三是由广告公司组织全国范围内的移动电视广告平台。

　　移动电视多为地方广电机构运作，由于地域的局限性，广告很难形成规模效应，广告经营因此十分局限。在这一情况下，一些民营的广告公司，如华视传媒、世通华纳、巴士在线等开始牵头进行全国范围内的广告经营，整合地方资源，形成规模效应。

1.2.2.1.3　交通工具移动电视广告的基本情况

　　在公交电视领域，公交车载电视的广告基于新媒体的形式，非常灵活多样。除了常规广告之外，还可以视具体需求灵活采用内容植入、专题报道、栏目冠名等多种形式，为广告客户量身打造个性化的广告服务。按照广告播出的范围，公交移动电视的广告可以分为联播、点播、地方移动电视广告三类。①

　　在地铁电视领域，在并购 DMG 之后，华视传媒成为国内地铁电视广告行业内的最大代理商，也是目前业内唯一取得北京、上海、广州、深圳四大核心城市移动电视广告代理权的户外数字电视联播网络运营商。目前，华视传媒旗下拥有 8 个地铁电视联播网城市的 35 条地铁线路，地铁电视终端达到 51,000 个。其广告形式包括：常规广告形式、软性广告形式、特色定制形式。

　　在列车电视领域，列车电视广告可以说是目前阶段列车电视唯一的赢利来源，对列车电视的发展起着举足轻重的作用。但是，广告时段在列车电视上所占的比重并不大。以鼎程传媒为例，其广告时长约占节目总时长的 10% 左右。其广告形式包括：硬广、专题、MTV、企业专访、栏目冠名和赞助、天气预报、植入式广告等传统形式，也包括企业品牌专列、一站三报等列车电视独有的形式。

　　在航空电视领域，目前，国内航空机载电视在飞机内每次航班播放的节

---

　　①　《移动电视广告媒体分析报告》，豆丁网 http://www.docin.com/p-2346163.html

目一般在 45 分钟至 1 小时，其中大约 5 到 13 分钟是广告内容。机载电视广告的形式较为简单，没有列车电视、公交电视等那么多样，但机载电视广告里都是中高档的品牌和服务。以航美传媒为里，目前，航美传媒电视媒体曾播放的广告包括：中国移动、中国联通、奥迪、通用、大众、海尔、诺基亚、LG、民生银行、茅台、五粮液、IBM 等众多国内外知名品牌。

近年来，我国 GDP 一直保持持续的快速增长。广告市场的额度更是以每年 13% 的速度递增。[①] 广告额度的增长肯定将为新媒体带来更多的机会，包括移动电视在内，其广告市场的前景是十分可观的。

1.2.2.2 收视费用

移动电视采用数字压缩技术，一个电视频道可以传输 6~8 套节目，从而节省了大量的频率资源；而且，移动电视由于在图像质量、声音效果上与普通电视效果差别不大，因此可以用来发展固定接收用户，特别是针对私家车、商务车等高端用户，通过收取用户收视费的方式来实现盈利。例如，重庆电视台视界网公布的《装小车移动电视价格明细表》中显示，收视费每套节目 5 元/月、50 元/年。随着技术的发展，在飞机上或是列车上进行节目点播等也可进行收费。这种盈利方式在其他新型增值业务建立之前，是一个比较稳定、可靠的收入来源，有很好的发展潜力。

1.2.2.3 增值业务收费

未来，不管是公交车载电视，还是列车电视、航空电视都会有更多的除视频业务以外的增值业务。国内也有一些航空公司开始在飞机上使用便携设备 PMD，目前南航湖南公司还暂时只在长沙至北京的航班上推出这项服务，今后将逐步把这款 PMD 机上娱乐设备推广至 2 小时以上的长沙始发航班上。通过设备升级改造，"空中电子点餐"和"空中电子购物"等服务将会很快变成现实，而这些服务必然带来新的增值收费。

1.2.2.4 传输费用

基于移动电视的多节目传输能力，加上它所面对的收视空间的特殊性，必然也对传统电视频道产生很大的吸引力。当移动电视发展到一定规模、形成一定影响后，也存在着向其他看中移动电视商业价值的电视频道、广告公司收取传输费用的可能。但这只是一个潜在的市场，目前还仅存在理论上的

---

① 胡纲：《移动电视：从此广告更"动"人》，中国营销传播网 http://www.emkt.com.cn/article/174/17416.html

可能性。

总体来看，数字移动电视在发展初期，一般只能采取以传统的广告经营收益为主的盈利模式来维持运营，这是数字移动电视筹建运营初期必须要经历的一个非常关键的环节。但与此同时，数字移动电视公司需积极利用数字技术的特性梳理现有业务盈利模式，铺设新的业务平台，以获取相关产品的营销收益和增值业务的收益，使数字移动电视从传统电视媒体以生产为导向的传统运营模式解放出来，构建以市场营销为导向的现代多样化盈利模式。①

1.2.3　交通工具移动电视的运营模式

广电总局 2006 年 3 月 27 号下发的《广电总局关于加强移动数字电视试验管理有关问题的通知》中对移动电视的运营主体作出了详细而具体的规定：我国现行移动电视运营主体以各级广电机构为主。但不同的地区在具体运营时，其主体结构有所不同。

我国交通工具移动电视的运营还处于初期的探索阶段，因此有着多种模式，目前主要有三种，分别是：以广电部门运营为主的模式、以网络运营商为主的模式以及合作运营模式。

1、广电部门与技术提供商共同组成运营主体

在这一模式下，广电部门负责提供节目传输网络、设备及节目，技术提供商负责具体的地面数字电视广播的技术方案。

代表：江西省移动电视有限公司。江西省移动电视有限公司是由江西电视台、江西省广播电视局网络中心、清华大学深圳研究院以及深圳力合数字电视有限公司共同占有股份构成。

2、广电部门与民营资本共同合资构成运营主体

这一模式中，一般由广电集团负责网络资源和节目内容资源的整合，而民营资本的介入可以减缓广电集团在资金方面的压力。

代表：南京移动电视公司。南京移动电视公司的股份构成单位包括：南京广电网络有限责任公司、中信国安以及南京中北。其中，南京广电集团是资源入股，占整个股份的40%，而中信国安和南京中北则作为民营资本，资金投入各占30%。

3、广电部门独立运营移动数字电视

广电部门独立运营移动数字电视，独立负责节目内容、技术方案、网络

① 郭衍、李天明：《数字移动电视运营模式不清晰 如何突破瓶颈》，《通信世界》2006 年 6 月 28 日

传输、设备维护等各方面工作。在这一运营模式下，广电集团可以利用现有的各部门人力、资金、设备等进行移动电视的节目制作、传输和管理工作。同时，可以在最大程度上保证节目质量以及传输质量，节省成本，并便于广电部门的统一管理。不过，这一运营模式对于广电部门的资金储备能力和内容制作能力都提出考验。

代表：重庆广电移动电视公司。重庆广电移动电视公司就依托于重庆广电集团独立运营当地的移动数字电视。

1.3 交通工具移动电视发展现状概述

公交电视、地铁电视、列车电视、航空电视，以及出租车电视、长途车电视、轮船电视等各具特色，受具体交通工具等各方面影响，其发展也呈现出不同的轨迹和速度，发展现状千差万别。下面分别对其进行简单概述。本书后续章节将进行更为详细的描述。

1.3.1 公交电视发展现状

概况：

2003 年 1 月，上海正式推出以公交车辆为主要载体的移动电视系统及其相关服务，是继新加坡之后全球第二个建成移动电视的城市。截至 2009 年底，我国共有 100 余家公交移动电视公司。

市场格局：

2009 年，"跑马圈地"的时代基本结束，市场格局已经大致形成。从移动运营商的角度而言，目前国内公交移动电视呈现出广电系的诸侯割据和民营系的三足鼎立的格局，而中途又杀出一个央视，竞争不可谓不激烈。

从整体实力和所占市场份额来看，则分为三个梯队，第一梯队是民营系的华视传媒、世通华纳、巴士在线；第二梯队包括 CCTV 移动电视和东方明珠等；第三梯队则主要包括其他地方城市移动电视。根据易观国际《中国移动电视市场研究专题报告 2009》的研究显示：从收入角度看，2009 年上半年，华视传媒占据第一名的位置，市场份额达到 50.7%，巴士在线排名第二，市场份额为 18%，世通华纳排名第三，市场份额为 15.5%。就终端数量角度而言，2009 年上半年华视传媒、巴士在线以及世通华纳位居前三位，共占到市场总体 80.4% 的份额。其中，华视传媒以 8.23 万块终端占据榜首位置。东方明珠移动电视等广电背景的移动电视，得益于广电背景，同时也受制于广电背景，无法进行全国性渗透，其所占的市场份额将会有所减少。

代表媒体：

华视传媒、世通华纳、CCTV 移动电视（巴士在线）、北广传媒移动电视、东方明珠移动电视。

1.3.2 地铁电视发展现状

概况：

2002 年以来，我国的地铁电视在短期内得到迅猛发展。根据易观国际的相关数据，到 2009 年上半年，地铁电视的市场规模已经达到 14200 万。[1] 目前，已经开通地铁电视的城市包括：北京、上海、广州、深圳、南京、武汉等等。

市场格局：

在地铁电视领域，早期进行全国运作的只有 DMG 和华视传媒，二者分别占到市场总体份额的 53.5% 和 45.1%。[2] 其他如北广传媒地铁电视等都因其广电背景限制，难以在全国范围内扩展。2009 年 10 月 15 日，华视传媒对外宣布与 DMG 进行合并，华视为此向 DMG 股东支付价值 1.6 亿美元的现金加股票。所以，国内的地铁电视市场格局用一句话来概括，就是从曾经的两强相争走向目前的一家独大。

合并后，数码媒体集团（DMG）在全国 7 个主要城市（包括北京、上海、重庆、南京、深圳、天津及香港）中拥有的共计 27 条地铁线路的独家广告运营权，其中包括上海地铁全部 13 条线及北京地铁 1、2、4 号线，全部被收入华视传媒旗下。新联播网覆盖中国 30 余个主要城市，包括四大一线城市——北京、上海、广州、深圳，以及天津、重庆、成都、南京、杭州、武汉、沈阳等重要城市，并进入香港，首次将广告运营拓展到中国大陆之外。新联播网的自有终端数在本次整合后超过 16 万个，占据中国移动电视终端总量的 70% 以上。

代表媒体：

华视传媒、北广传媒地铁电视。

---

① 数据来源：易观国际《中国移动电视市场发展研究专题报告 2009》，百度文库 http：//wenku. baidu. com/view/fb5aa9d233d4b14e852468d7. html

② 数据来源：易观国际《中国移动电视市场发展研究专题报告 2009》，百度文库 http：//wenku. baidu. com/view/fb5aa9d233d4b14e852468d7. html

1.3.3 列车电视发展现状

概况：

2002年，现代意义的列车电视在我国正式出现，发展至今，列车电视已经顺利覆盖全国31个省/自治区/直辖市，500多个经济活跃城市，每年覆盖超过6亿人次。

市场格局：

目前，占据我国列车电视市场份额最大的是鼎程传媒，占总体份额的85%以上，基本上是一家独大。鼎程传媒在全国500多辆空调列车上安装了共计75000个液晶电视屏。在铁道部的支持下，鼎程传媒已经与全国全部路局和2个分局签订了列车视频运营委托协议。绝对的市场份额占有率将对价格具有更强的控制能力，导致行业的进入壁垒进一步提升，列车电视广告细分市场呈现单寡头垄断格局。除鼎程传媒外，铁道部下属的铁道影视音像中心创办的"中铁列车电视"负责全路动车组、进藏旅客列车、直达特快列车等铁路高端客运产品的列车电视节目统筹、审查、制播。此外，兆讯传媒、纳讯科媒等也占有一定的市场份额。

代表媒体：

鼎程传媒、中铁列车电视、兆讯传媒。

1.3.4 航空电视发展现状

概况：

到目前为止，国内包括国航、东航、南航、海航、川航等在内的所有航空公司都拥有机载电视。并且随着飞机数量的增长和新机型取代旧机型，航空机载电视的数量还将进一步扩大。中国航空媒体市场规模从2006年到2009年，保持了比较高的增长速度。2006年，航空媒体市场规模仅为12.9亿元人民币，根据易观国际的调查数据，截止到2009年，该市场规模达到38.9亿元人民币，年均复合增长率为44.4%。易观国际预测，2011年中国航空媒体市场规模将达到62亿元人民币，从2006年到2011年年均复合增长率达到36.8%。[①]

---

① 易观国际：《中国航空新媒体市场发展现状与趋势报告2009》，http://www.enfodesk.com

市场格局：

目前，在航空电视领域占据最大市场份额的是航美传媒。据易观国际在 2010 年 4 月发布的《中国航空新媒体市场发展研究专题报告》显示，目前航空媒体市场的竞争已经呈现出一定的集中性格局，航美传媒（AMCN）单家企业的营收规模已经占到整个航空媒体"总产值"的四分之一强。航美持有国家广播电视总局颁发的《广播电视节目制作经营许可证》，拥有国内最大的航空数字媒体网，为超过 2100 条航线的机舱电视以及 50 余家机场提供各类影视舱内节目；同时在全国 30 余家机场拥有 3000 台数码终端，建立了全国性联播网络。2010 年，航美传媒与央视合作推出 CCTV 移动传媒民航频道开播，为航美传媒的内容竞争力再次添砖加瓦。

此外，第七传媒等也占有一席之地。第七传媒已与全国 18 家航空公司，近 100 个机场建立起合作战略伙伴关系，覆盖 200 多架飞机，640 条航线。第七传媒还覆盖了航机上的座椅枕片、视频、纸杯、杂志、报纸及机场的灯箱、视频、吊牌、手推车等不同类型的媒体形式。

代表媒体：

航美传媒、第七传媒。

1.3.5 出租车电视发展现状

概况：

2007 年，上海最早成功开通了国内首个分众电视出租车频道并投入商用。该频道全称是"上海东方分众电视商娱出租车电视频道"，是 2004 年 4 月经上海文广集团授权开通的全数字电视公共频道，该频道计划在上海 4.18 万辆出租车上安装数字电视屏幕及接收装置。

北广传媒原计划 2007 年底在北京发展 1 万多辆出租汽车移动电视，但是事实上在北京市安装移动电视的出租汽车只有 4000 辆左右，且多处于闲置状态，与北广传媒计划目标相差较多。

广州珠江移动城市电视有限公司出租车移动电视网络平台，目前已在全市近 10000 台出租车上安装终端，占全市出租车总数 2/3。

其他部分城市，如西安、青岛等也在部分出租上安装了移动电视。但总体看来，市场规模并不大。对于出租车电视行业发展缓慢，国内著名调查机构易观国际给出了详细的分析。原因包括：①

1、发展移动电视涉及多个相关行业，沟通成本高、审批程序相对较慢。出租车通常被称为一个城市的窗口，这个窗口发展得如何，会影响到一个城市的形象。因此是否大规模安装移动电视，需要多个主管部门统一协商，包括宣传、广电、交通等相关部门。

2、广告传播效果受到影响。主要原因有：（1）从广告形式和内容看，移动电视的部分内容更新慢、广告制作不精细，不能吸引乘客注意力；（2）从移动电视安装的位置看，移动电视多数安装在驾驶座的后坐上，因此，前排乘客看不到、后排右座乘客的观看角度也不好，广告到达率不高；（3）从出租汽车司机角度看，由于多数司机一般喜欢在车上收听交通台等广播节目，因此虽然乘客上车后司机翻下空车牌时，移动电视自动开播，但有些司机会关闭移动电视而选择广播；（4）从乘客角度看，有的乘客习惯坐前座（前座视野好、避免晕车等原因），并不在意后座是否有移动电视。同时后座由于近距离观看移动电视，部分消费者对此表示反感。

3、政策、标准的限制。此前，国内车载电视使用的标准大部分是 DVB-T 和 DMB-T，而国家新标准颁布后，原有设备将进行芯片改造等整改工作，而新标准的配套标准以及频率规划仍未到位。因此，短期内完成统一部署尚存在诸多困难。另外"噪音法"受社会关注，出租车作为一个相对封闭的公共交通工具，如何能减少噪音、给乘客提供一个舒适的环境尚未有明确规定。

4、人为因素对移动液晶屏的破坏。由于移动电视安装在司机的后座，司机在专注开车时，不能完全关注后排乘客的行为。有些乘客出于好奇（主要是儿童）、或素质较低有意无意的对移动电视进行破坏，使移动电视不能正常工作，如果没有及时维护，则移动电视不能正常工作。

市场格局：

目前，出租车移动电视的主要运营商包括，东方明珠、触动传媒、易迅

---

① 易观国际：《四大因素阻碍北广传媒在京发展出租车移动电视》，http：//www.enfodesk.com/SMinisite/index/articledetail/type-id/1/info-id/2517. html

通传媒、i-level 等。触动传媒所占市场比例最大，旗下拥有超过 10 万辆的签约出租车辆，且已经在北京、上海、广州和深圳四大城市分别展开业务。易迅通传媒在杭州拥有 1000 余块屏、大连 500 块、温州 500 块、郑州 600 块，总计接近 3000 块屏，形成了一定的规模，并与多个城市出租车管理处签订了独家合作协议。

代表媒体：

触动传媒、东方明珠、易迅通传媒。

1.3.6 长途车电视发展现状

概况：

长途车电视存在的时间不短，但长期以来，国内的长途车上主要播放 DVD 形式的电影碟片，且多为港产片，或欧美大片，形式单调，更新速度缓慢。上世纪末，本世纪初，各地纷纷涌现出不同规模的专门运营长途客运车载电视的公司，但大多规模较小，没有形成跨区域的规模化发展。其中最具代表性的是成立于 2002 年的 CBTV 中国高速频道，以及 2005 年诞生的 CCTV 移动传媒—快客频道，二者成功实现了跨区域发展，占据了绝大多数市场份额。

市场格局：

长途车电视市场呈现出新旧双雄加上各地诸侯的格局，从市场覆盖率和受众认知度等角度来看，影响力最大的还是中国高速频道和 CCTV 移动传媒 - 快客频道。

中国高速频道成立于 2002 年，它是依托于城际间豪华大巴的电视联播网，主要通过客运车辆的电视提供视听节目及广告资讯。中国高速频道是全国百家重点客运公司的合作伙伴，已形成覆盖全国的高速豪华大巴的网络格局，拥有电视节目编辑、制作、购买、广告销售、播出、售后服务等完整的经营管理体系。目前，中国高速频道已经覆盖全国 4 个直辖市、22 个省、170 个地级市、122 个县级市、750 个区/县（3000 多条城际间客运主干线），覆盖 8 亿商旅受众，独家垄断全国 81% 以上优质城际巴士车载电视网络。

2005 年，CCTV 移动传媒 - 快客频道的出现为长途车电视带来了新气象。CCTV 移动传媒 - 快客频道是 CCTV 移动传媒与浙江快客传媒有限公司合作针对长途客车开办的车载电视网络。目前已开通长三角地区约 300 条线路，近 5000 辆车 10000 多块屏，借助央视强大的节目源，每日可为百万受众提供丰富多彩的电视视听节目。① 自 2010 年起，CCTV 移动传媒快客频道改变原有节目格局，以 1 小时为节目单位，为不同时长的快客班车提供优质标准化的节目。下面是快客频道 2010 年改版后的节目内容：②

CCTV移动传媒 快客频道
2010年新版节目排播表

名称	内容	时长	备注
片头	CCTV版头	5秒	
	广告	15秒	特A
公益	温馨提示	60秒	
	广告段(一)	30秒	
栏目头	快乐驿站	5秒	
	冠名广告	5秒	
	企业广告	15秒	
节目	小品	10分	
	广告段(二)	30秒	
栏目头	健康快车	5秒	
	冠名广告	5秒	
	企业广告	15秒	
节目	健康专题	5分	
	广告段(三)	30秒	
栏目头	快客影院	5秒	
	冠名广告	5秒	
	企业广告	15秒	
	广告段(四)	30秒	
节目	影视剧（上）	15分	
	插片广告	15秒	特A
节目	影视剧（下）	10分	
	广告段(五)	30秒	
栏目头	法制时空	5秒	
	冠名广告	5秒	
	企业广告	15秒	
节目	法制专题	5分	
	插片广告	15秒	特A
	广告段(六)	20秒	
栏目	MTV	5分	

代表媒体：
中国高速频道、CCTV 移动传媒 – 快客频道。

---

① 资料来源：CCTV 移动传媒快客频道网站 http：//www. cctvquikmedia. com/
② 图表来源：CCTV 移动传媒快客频道网站 http：//www. cctvquikmedia. com/newsdetail. aspx？id =61

1.4 发展环境分析

1.4.1 政策环境分析

1.4.1.1 国家对各项交通运输事业发展的扶持政策

交通工具移动电视只有依托交通工具这个载体才能得以生存和发展，因此，交通工具本身的发展对交通工具移动电视的影响和触动是非常大的。近年来，国家在推动交通运输事业发展方面作了不少努力。

在公交建设方面，近年来，我国许多地方政府贯彻国务院关于优先发展城市公交的方针，积极采取多种措施。例如，上海市政府在 2007 – 2009 年投资 1100 亿元完成轨道交通、综合交通换乘枢纽、交通站场保养场等基础设施建设，以促进公交良性发展。到 2010 年建成 300 公里公交专用道、60 个综合交通枢纽、公交停车保养场，新增公交停车泊位 3500 个，以满足公交车辆维修保养和停车的需要。北京、南京、杭州等城市在实施道路工程改造同时，设置大容量快速公交专用道。

在地铁建设方面，近年来，国内许多城市在政策支持下加快了城市轨道工程建设，掀起了城市轨道交通的新高潮。截至 2010 年 10 月，北京、天津、上海、广州、武汉、长春、大连、深圳、重庆、南京、成都等 11 个城市已有城市轨道交通，杭州、沈阳、哈尔滨、西安、厦门、苏州、青岛、东莞、宁波、佛山、石家庄、郑州、长沙、兰州等 33 个城市正在建设、筹建或规划中。在 2009 北京国际城市轨道交通展览会上，中国各城市轨道交通发展规划图显示，至 2016 年我国将新建轨道交通线路 89 条，总建设里程为 2500 公里，投资规模达 9937.3 亿元。以北京为例，到 2015 年，北京将形成 561 公里的轨道交通线网，总投资为 1669.6 亿元。①

在铁路建设方面，改革开放以来，国家在铁路建设上的投资与日俱增。据官方统计，2007 年我国铁路建设投资达 2492.7 亿元，是 1978 年的 75 倍。2008 年、2009 年铁路投资额继续呈爆发式增长态势，后续年份的投资额也将持续攀升，以 2002 年为起点到 2008、2009、2010、2020 年，全国铁路基础设施建设批复项目的规模分别达到了 2 万亿、3 万亿、4 万亿和 7 万亿，我国在交通领域的投资重心正渐渐从 20 世纪 90 年代以公路基建投资为主向以铁路

---

① 《22 城市地铁建设规划获批复 总投资 8820 亿元》，新浪财经 http：//finance. sina. com. cn/roll/20091210/09227083688. shtml

投资为主转移。① 十一五期间，为促进国内流通更高效，国务院批复铁路建设投资 2 万亿。根据国家《中长期铁路网（调整）规划》，中国铁路将建成四纵四横客运专线和九大城际客运系统为骨干的高速客运网，2012 年上线运行的动车组将达到 800 列以上，2015 年上线运行的动车组将达到约 1000 列，届时动车组视频媒体受众将达到约 9 亿人次（年）。

在民航建设方面，2009 年，民航总局宣布，在继续对航空公司注资的同时，国家还将通过补贴政策进一步扶持民航业，修订对机场、国际航线、通用航空等的补贴政策，并考虑扩大民航建设的投融资方式。国家将在 3 – 5 年内基本形成东中西部、支线干线、客运货运、国内国际运输比较协调、完善、高效、便捷的国家公共航空运输体系，促进民航可持续发展。截至 2009 年，国航有飞机 262 架，预计到 2012 年，这一数字将增长到 358 架。南航截至 2009 年有飞机 378 架，2010 年发展成为 412 架。②

1.4.1.2 与交通工具移动电视相关的部分扶持和监管政策

政府有关部门对于交通工具移动电视的发展是持肯定态度的，但同时，也对此密切关注和监管。"发展新兴传播媒体"相关内容已经明确写入《国家"十一五"时期文化发展规划纲要》，发展新兴媒体被提到了战略高度，包括交通工具移动电视在内的视听新媒体开始进入快速发展的轨道。

下面，就近年来与交通工具移动电视密切相关的一些政策法规进行简要的梳理和介绍：

《关于促进广播影视产业发展的意见》③：

2004 年 2 月，国家广电总局出台了《关于促进广播影视产业发展的意见》，表明了鼓励新产业发展的积极立场。其中，从广播影视产业发展的基本思路和重点来看，发展新兴产业、重视高新产业成为有力度的新亮点。要大力发展数字电视。此外，"重视高新产业"，要求"积极跟踪广播影视科技和市场的最新发展趋势，大力开发对广播影视产业未来发展具有重要意义的高新产业"。其中，特别提到移动电视等新媒体、新产业、新业务虽然短期内可能不具有明显的经济效益，但一定要高度重视，掌握主动，抢占先机，尽早培育、开拓和占领市场。由此可见，"移动电视"业务，已经作为极具发展潜力的新增长点，进入了国家广电规划者与监管者的视野。

---

① 国家统计局综合司：《改革开放 30 年报告之十二：交通运输业实现了多种运输方式的跨越式发展》，中华人民共和国国家统计局网站，http://www.stats.gov.cn/tjfx/ztfx/inggkf30n/t20081111402515738.htm，2008 年 11 月 11 日

② 数据来源：中国民航/东方航讯/2010 年 6 月

③ 国家广电总局网站 http://www.sarft.gov.cn/articles/2007/02/27/20070914165147430651.html

广电总局 39 号令①：

2004 年 6 月，国家广播电影电视总局发布了第 39 号令，站在新的、跨行业监管者的角度，提出了《互联网等信息网络传播视听节目管理办法》。② 该办法从 2004 年 10 月 11 日起开始实施。该办法明确了适用对象包括："以互联网协议（1P）作为主要技术形态，以计算机、电视机、手机等各类电子设备为接收终端，通过移动通信网、固定通信网、微波通信网、有线电视网、卫星或其他城域网、广域网、局域网等信息网络，从事开办、播放（含点播、转播、直播）、集成、传输、下载视听节目服务等活动。"同时，该办法所称视听节目（包括影视类音像制品），"是指利用摄影机、摄像机、录音机和其它视音频摄制设备拍摄、录制的，由可连续运动的图像或可连续收听的声音组成的视音频节目。"由此可见，按照该《办法》，无论是广电运营商还是移动通信运营商，只要开展视音频传播相关的地面广播数字移动电视业务、手机电视业务、流媒体业务，都要接受广电总局的管理，实行许可制度。许可证制度将是国家管理和控制移动电视产业链运营的最主要手段。

《广电总局关于加强移动数字电视试验管理有关问题的通知》③：

2006 年 3 月，国家广电总局颁布了《广电总局关于加强移动数字电视试验管理有关问题的通知》，对移动数字电视试验工作提出了一些规范性要求。提出了开展移动数字电视试验的基本原则、开展移动数字电视试验应具备的条件以及开展移动数字电视试验应注意的问题等等。其中提到，开展移动数字电视试验的目的，是为国家制定相关标准、研究地面数字电视开发利用、制定未来发展规划提供数据。在地面数字电视标准确定前，各地的移动数字电视不做正式运营和推广。对移动数字电视的发展有一定程度的制约。在移动电视的开办主体方面，《通知》限定开办主体必须是有实力、有条件的地市级以上广播电视播出机构。《通知》还首度限定开展移动数字电视试验的城市，其城市公交车终端数量应不低于 2000 辆，安装范围限于公交车、出租车、长途车等交通工具，并且只能开办一套面向公交人群的节目频道等。

《关于加强移动数字电视管理的通知》④：

2007 年 7 月 25 日，广电总局下发了《关于加强移动数字电视管理的通知》，要求各地广电局对移动电视内容制作和播放方式加强监管，特别对通过

---

① 国家广电总局网站 http：//www.sarft.gov.cn/articles/2004/10/11/20070924103429960289.html
② 国家广电总局网站 http：//www.sarft.gov.cn/ http：//www.sarft.gov.cn/articles/2004/10/11/20070924103429960289.html
③ 国家广电总局网站 http：//www.sarft.gov.cn/articles/2007/07/25/20070919164928230856.html
④ 国家广电总局网站 http：//www.sarft.gov.cn/

CF卡、硬盘和局域网等方式播出节目的内容安全性加强监管。之后不久，广电总局再次发力清理各地移动电视市场。

通知指出，最近移动电视运营市场出现了不少违反政策的行为：一是部分移动电视把关不严，播出了包含凶杀、暴力、迷信等内容的节目；二是有的地方与系统外企业以广告承包形式合作过程中，将移动电视节目编辑权交给与系统外资金合资成立的公司负责；三是部分城市出现了用CF卡、硬盘和局域网等非地面数字电视技术面向公交车等播出节目内容的情况，甚至对外以频道形式出现。

为此，广电总局推出了七点监管措施，特别强调移动电视节目的宣传编辑权必须掌握在广电管理和播出机构手中，拿到移动电视节目制作许可证的运营商如吸收非公有资本进入，广电系统内机构必须控股51%以上；必须加强对CF卡等非地面数字电视技术播出节目的内容监管。①

《广电总局关于加强车载、楼宇等公共视听载体管理的通知》②：

2007年12月6日，广电总局向各省、自治区、直辖市广播影视局发出《广电总局关于加强车载、楼宇等公共视听载体管理的通知》。其中规定不得利用广告载体擅自播放视听节目。采用人工更换硬盘（CF卡、DVD）方式，在公共交通工具、楼宇内及户外设置的广告发布平台，只限于播放广告内容，不得播放新闻和其他各类视听节目。已经擅自播放视听节目的，应立即停止播出。《通知》的出台，进一步肃清了整个行业。

《移动多媒体广播系统技术研究开发与规模技术试验》③：

2007年12月10日，科技部正式对外发布了"十一五"国家科技支撑计划重点项目，《移动多媒体广播系统技术研究开发与规模技术试验》位列其中。这一重点项目标志着我国将大力支持研究移动多媒体广播系统技术，开发前端系统、传输系统及终端样机，进行组网试验和技术测试，最终完成适合于我国覆盖和业务需求的移动多媒体广播技术体制。

《文化产业振兴规划》：

2009年7月22日，国务院常务会议通过了《文化产业振兴规划》。有研究者认为，《文化产业振兴规划》的出台将使作为文化产业核心领域的传媒业迎来大发展大繁荣的契机。而交通工具移动电视在这样的大背景下也将迎来新的春天。

《关于金融支持文化产业振兴和发展繁荣的指导意见》④：

---

① 郎朗《广电总局清理移动电视》，《21世纪经济报道》2007年8月7日
② 国家广电总局网站http：//www. sarft. gov. cn/articles/2007/12/11/20071211164351920570. html
③ 国家广电总局网站http：//www. sarft. gov. cn/articles/2007/12/17/20080110145404980703. html
④ 国家广电总局网站http：//www. sarft. gov. cn/articles/2010/04/08/20100408153315910460. html

2010 年 4 月，中央宣传部、中国人民银行、财政部、文化部、广电总局、新闻出版总署、银监会、证监会、保监会向各省、自治区、直辖市党委宣传部，中国人民银行上海总部、各分行、营业管理部、各省会（首府）城市中心支行，各省、自治区、直辖市财政厅（局）、文化厅（局）、广播影视局、新闻出版局、银监局、证监局、保监局，各政策性银行、国有商业银行、股份制商业银行、中国邮政储蓄银行发出《关于金融支持文化产业振兴和发展繁荣的指导意见》。提出：积极开发适合文化产业特点的信贷产品，加大有效的信贷投放；完善授信模式，加强和改进对文化产业的金融服务；大力发展多层次资本市场，扩大文化企业的直接融资规模等意见。这对于交通工具移动电视的未来发展无疑注入了一剂强心剂。

除了国家层面的相关政策，各地也适时推出了一些扶持和鼓励发展交通工具移动电视的政策。

例如，在北京，大力发展文化创意产业，在《北京信息化基础设施提升计划（2009－2012）》中明确提出：推进广播影视制作、传输、播映、存储、交易等领域的数字化，积极发展移动电视。2009 年 5 月，北京市委市政府提出，要把北京建成"城乡一体化的数字城市、资讯获取便利的城市、移动互联的网络城市、信息新技术新业务的现行城市、信息安全水平一流的可信城市"。在信息技术融合趋势下，特别是在北京信息化过程中，移动电视作为重要的信息基础设施和信息服务终端跻身其中。

1.4.2　市场环境分析

1.4.2.1　宏观经济的繁荣是交通工具移动电视的重要催化剂

中国传媒的发展和中国经济的繁荣一脉相承。上世纪 90 年代以后，中国传媒呈现高速成长趋势。2004 年中国 GDP 列全球第七位，到 2005 年跃升到第四位。中国的广告市场也从 1995 年的全球第十六位，到 2005 年升至第七位。2008 年，据 CTR 市场研究的广告监测报告显示，中国广告市场总投放额同比增长 15%，达到 4413 亿人民币，已经超过日本居全球第二位。[①]

其中最为引人注目的是电视和户外广告媒体。综合了电视和户外媒体优势而诞生的数字移动电视，已经成长为一种新兴的主流媒体。

我国经济的持续增长给移动电视的发展带来了潜在动力，百姓消费能力的上升、消费价格指数的上涨表明人们将有能力、有需求地消费更多的商品，从而使广告主投放更多的广告在各种媒介上，整个广告市场扩大，公交车载移动电视作为近年来快速兴起的新媒体形式必然能够获取更大的发展空间。

---

① 林学勤：《09 年中国广告市场出现硬着陆》，《销售与管理》2009 年第 3 期

1.4.2.2 重大事件带来的广告需求加速市场成长

北京奥运会、上海世博会以及广州亚运会等全球关注的大事件都是交通工具移动电视发展的重要契机。以北京奥运会为例，奥运经济对交通工具移动电视的发展产生的良性促进作用是非常明显的。据易观国际分析，北京奥运会的赛事主要集中在白天，一线、二线城市的车载电视受关注度明显提高，其传播效果引起广告主关注。在 6 个奥运主办城市（北京、天津、青岛、大连、上海和沈阳），城市车载电视均有大面积覆盖，这些城市人口众多，消费能力强，是良好的广告投放对象。奥运会期间，食品、快消等行业广告投放量显著增加。

此外，国内户外平面广告管制加强，全国部分户外广告牌被拆除。电子消费品等行业广告主投放渠道可能更加多元化，而合法的车载液晶电视广告有望从中获益。

1.4.2.3 风险投资助力交通工具移动电视不断壮大

在资本方面，交通工具移动电视行业引来了众多风险投资的注意。事实证明，风投的每一次注资，都为正处于急速发展期的移动电视注入了一剂强心剂。

在公交电视领域，巴士在线与世通华纳、华视传媒均拥有风险投资数千万美元的支撑。其中，截至 2007 年 10 月，世通华纳已经获得了总计 9500 万美元的融资金额，巴士在线则获得了 7200 万美元的资金位居第二，华视传媒仅以 5400 万美元的风投资金屈居第三，但不同的是其已于 2007 年 12 月在美国纳斯达克上市，成为中国第一家在纳斯达克上市的户外数字电视领域传媒企业，成功融资 1.08 亿美元。

在列车电视领域，2008 年，鼎程传媒获得来自两家风险投资基金的注资，总额 4 亿元人民币。这两家投资者分别是联想投资和高盛旗下一基金公司。

在航空电视领域，2005 年 11 月，航美传媒获得鼎晖的 1000 万美元风险投资，此后迅速扩张。2007 年，专门从事航空媒体投放策划的北京第七传媒广告有限公司获得国际知名风险投资机构中国宽带产业基金 800 万美元的注资。

1.4.2.4 行业研究助交通工具移动电视成熟完善[①]

近年来，以公交车、地铁为载体的公共交通电视媒体在资本推动下获得了迅速发展。同时，公共交通电视视频化、信息化、海量受众的优点，使其

---

① 《"公交移动电视受众与环境研究项目"启动》，网易科技 http://tech.163.com/09/0625/10/5CL8G46K000915I3.html

很好地满足了广大企业和广告商在多媒体时代结合受众行为方式捕捉受众的需求。但一段时间以来，由于公共交通电视媒体还处于发展的初级阶段，市场缺乏统一规范、权威的受众测量指标以提供决策依据，广告主和媒介主面临无法评估广告价值和投放效果，也无法进行定价、媒介购买和投放计划的难题。

为此，2008 年 5 月，华视传媒、CCTV 移动传媒以及 CTR 三方联合，在行业内率先启动了"公交移动媒体权威的受众测量指标"大型持续性调研项目。该项目发布的全国各主要城市收视调研数据，一定程度上解决了公交移动媒体的量化评估问题，有效促进了广告主及广告公司人员科学认知和评估公交移动电视媒体价值和广告价值，获得业内人士的一致认可。同时，2008 年底，华视传媒联合 CTR 开发了公交移动电视收视查询系统——"QlikView 数据系统"（简称"QV 系统"）。通过 QV 系统，广告主可以更直观的了解华视传媒在不同城市、不同时段的媒体收视率数据、受众的人群属性及生活形态等特征，进而制定有效的、针对目标消费群的策略性媒介计划，促进了公交移动电视媒体广告投放的有的放矢。

但作为处于发展初期的新兴媒体，"公交移动媒体权威的受众测量指标"只是在公交移动电视媒体的评估和研究上解决了一项最紧要的问题，整个公交移动电视媒体的评估和研究体系，还有待进一步完善。除了这一项目，华视传媒也与中国人民大学舆论研究所共同启动了一项名为"新媒体价值评估体系"的研究项目，旨在从更广阔的范围和视野来为全媒体设置一个新的价值评估体系，使其既能涵盖传统媒体的既有特点，也可以包容新媒体的新特性。

列车电视领域的鼎程传媒，机载电视领域的航美传媒也都与第三方调查机构保持了密切的合作，通过第三方监控的形式为客户提供播出证明，确保客户广告的播出。

1.5 未来发展总体趋势

由于不同的交通工具移动电视有各自不同的特点，也处于不同的发展阶段，因此，在未来的发展趋势上也存在着不同。各媒体的具体发展趋势将在本书后文中进行论述，此处只就整个行业的整体发展趋势进行简单的论述。

1.5.1 总体规模

易观国际在其《中国移动电视市场发展研究专题报告 2009》中预测，2010 年，中国移动电视市场规模将达到 25.15 亿元，2011 年达到 35 亿元，

2012 年达到 45 亿元，呈现出较快的增长势头。同时，易观国际还在报告中预测，中国移动电视终端规模也将有较大幅度的增长，到 2010 年，终端数量将达到 25.88 万台，2011 年达到 28.57 万台，2012 年达到 30.14 万台。下面是易观国际提供的相关图表[①]：

1.5.2 成为政府主导的公共信息平台

有业内人士提出，希望能把移动数字电视纳入政府公共事务，列入普遍服务和公共服务范畴。许莲华在其文章《车载公交视频作为公共电视运作的可能性探讨》[②] 中提出：中国需要公共电视，即以服务公众为原则，不以盈利

[①] 图表来源：易观国际《中国移动电视市场发展研究专题报告 2009》，百度文库 http://wenku.baidu.com/view/da8f8d84b9d528ea81c779c1.html

[②] 许莲华：《车载公交视频作为公共电视运作的可能性探讨》，《编辑之友》2009 年第 3 期

为目的；以制播教育性、文化性节目为主，节目内容一方面要反映本土文化和文化身份，另一方面要兼顾多元文化和少数族群，是为了满足公民的需要，而非迎合顾客的喜好；由一个代表公众利益的独立机构，负责经营和管理。

之所以提出这样的设想，是基于以下理由：从传播场所看，公交车是一个特殊的公共场所。如果将公交电视等同于一般的商业电视，势必在一定程度上以牺牲乘客的利益为代价。而如果将其作为公共电视，它就不必受经济利益的影响，而是一切从公共利益出发，在这样的理念下，相信能制作出公众更加满意的节目，更好地发挥城市应急和宣传系统的作用，在传承民族的优秀文化、服务大众等方面起到积极作用。不过，这一发展模式也有着不小的障碍，资金瓶颈就是不得不解决的问题。抛开目前依赖广告的经营模式，作为公共电视的交通工具移动电视只有通过政府支持、社会捐赠、节目销售、互动增值业务等多种渠道解决资金缺口。

1.5.3　全面进军"等候经济市场"扩展经营渠道

2007 年 9 月，国内 27 家移动电视公司老总齐聚重庆商讨组建全国"移动电视协作体"的相关事宜，并就国内户外电视产业下一步的发展方向展开探讨。移动电视已不满足于"安家落户"在交通工具上，任何能够形成等候经济的场所都成了它的锁定目标。在北京、上海等地，移动电视已开始一步步抢占原为分众、聚众独霸的楼宇市场，并已和分众、聚众等传媒公司在人员聚集场所如车站、候机室、大型卖场、休闲场所等地展开了激烈的竞争。在航空电视领域，航美传媒也不仅仅限于发展机载电视，而是进军机场电视领域和加油站视频领域。列车的候车大厅电视也将不再是新鲜事物。

1.5.4　资本注入力促行业整合

目前，在交通工具移动电视的各个细分领域都因为资本的介入而更快地实现了优胜劣汰和行业整合。在资本的助力下，航美传媒和华视传媒分别上市，并分别在航空电视和地铁电视领域成为地位难以撼动的行业翘楚。世通华纳和鼎程传媒也将上市作为了公司未来的发展目标，可以想见，一旦上市成功，他们在公交电视和列车电视领域的行业领头羊地位将会更加稳固，小规模的运营商将面临被市场淘汰或被领头羊吞并的危险。整个交通工具移动电视的版图在未来将更加的清晰。

第二章　公交车载电视

2.1　国内公交车载电视发展概述

2003 年 1 月，上海正式推出以公交车辆为主要载体的移动电视系统及相关服务，是继新加坡之后全球第二个建成移动电视的城市。2004 年 5 月，北京移动电视也试播成功投入正式运营。经过几年的发展，公交移动电视在总体规模、行业标准的制定、品牌建设、事件营销、终端建设等方面都有了长足的进步。

在市场规模方面，易观国际发布的《中国移动电视市场研究专题报告 2009》①显示：从 2004 年中国移动电视大规模铺设终端开始，2009 年上半年终端数量已经达到 19.55 万个。这之中，由于一线城市规模较大，交通建设较为完善，受众消费水平较高，因此，移动电视运营商在一线城市铺设的终端较多，占到全国终端数量的 50.6%。该报告还显示：2009 年上半年，中国公交移动电视市场规模已达到 6.44 亿。从 2007 年第 1 季度到 2009 年第 2 季度，均保持了相对高速和稳定的增长。

在覆盖城市方面，截至 2009 年 7 月，公交移动电视已经覆盖全国 49 个城市。根据易观国际的调查显示，截至 2009 年上半年，已经开展移动电视的城市包括②：

华北地区（8 个）：北京、天津、石家庄、秦皇岛、太原、呼和浩特、郑州。

华东地区（18 个）：上海、杭州、南京、苏州、宁波、金华、常州、无锡、合肥、济南、青岛、烟台、南昌、芜湖、温州、厦门、泉州、福州。

中南地区（9 个）：广州、深圳、南宁、海口、东莞、柳州、桂林、长沙、武汉。

西南地区（6 个）：成都、重庆、德阳、绵阳、昆明、贵阳。

东北地区（4 个）：沈阳、大连、哈尔滨、长春。

西北地区（4 个）：西安、兰州、西宁、乌鲁木齐。

---

① 易观国际：《中国移动电视市场研究专题报告 2009》，百度文库 http://wenku.baidu.com/view/fb5aa9d233d4b14e852468d7.html

② 易观国际：《在红海中开拓南海——2009 年中国移动电视市场分析与预测》，《广告大观综合版》，2009 年第 10 期

这之中，四个一线城市北京、上海、广州、深圳就占到全国投放额的近60%。

在公交电视的受众接受度方面，从2009年尼尔森陆续发布的对青岛、武汉、深圳、大连、南京的调查情况来看，公交移动电视媒体的总体到达率已达95%，黄金时段的收视率突破10%。[①]

在运营商方面，截至2009年底，我国共有100余家公交移动电视公司，其中三家，世通华纳、华视传媒、CCTV移动（与巴士在线合作）具备全国联网的能力，因而在行业内拥有举足轻重的作用。

2.2 公交车载电视的发展历程[②]

2.2.1 萌芽期（1992～1998）

从1992年国家着手组织高清技术攻关项目，到1998年6月我国高清技术系统研发成功，我国的公交车载电视完成了历时6年的萌芽。在这一时期，由国家部委层面组织的团队共同实现了高清电视系统的技术突破。而由于我国高清电视系统是依托地面传输方式开发的，高清电视系统的技术突破同时意味着我国公交车载电视传输体系的框架形成。

2.2.2 预备期（1999～2006）

1999年，国务院成立"国家数字电视研究开发与产业化领导小组"。其任务主要是：制定拥有自主知识产权的地面数字电视标准；推进核心技术和关键元器件的国产化。7年后的2006年8月，我国地面数字电视的自主标准终于出台，标志着产业准备期的完成。

在这一阶段，2002年4月，上海正式推出以公交车辆为主要载体的移动电视系统及其相关服务，2003年8月，北京的公交车载电视也正式启动。到2004年，投入试播或者正式运营的公交车载电视的城市数量不断增加，可以说进入大跃进时期。倒2006年，除新疆、西藏、宁夏和青海外，全国大部分地区都已经开通公交车载电视。不过这一时期从总体上看来，终端覆盖的数量相当有限，也缺乏较为明确的盈利模式。

---

① 《尼尔森发布大连南京深圳三地收视率报告》，新浪财经 http://finance.sina.com.cn/hy/20081209/14455611359.shtml

② 黄升民：《中国数字新媒体发展战略研究》，中国广播电视出版社，2008年1月出版

2.2.3　启动期（2006.8～2008）

2006 年 8 月 31 日，地面数字电视传输国家强制性标准《数字电视地面广播系统帧结构、信道编码和调制》终于出台，宣告我国地面数字电视正式进入启动初期。在国标正式出台之前，移动电视在我国已经积累了一定的运营经验。运营商也考虑到今后技术的升级以及向国标的转变，从而在某些技术环节留有升级的余地。

2.2.4　快速发展期（2008～至今）

2008 年，通过积极参与社会重大事件，发挥公交移动电视的即时性信息传播优势，公交移动电视的媒体影响力和大众关注度都得到了有效提升，进入快速发展期。

2008 年初，中国南方遭受雪灾，广州市公交电视根据市委、市政府的指示，在周边群众不断云集广州、传统信息传递渠道与群众断裂的状况下，广州公交移动电视在第一时间内客观、准确地报道灾情信息以及政府的应急措施，全天不间断播放调度资讯，确保了广州春运有关资讯即时发出，为抗击雪灾的最终胜利营造了良好的舆论氛围并对受阻群众做了有效疏导。

2008 年 5 月 12 日，汶川地震期间，遍布全国的公交电视网络也第一时间加入到这个行列，《众志成城抗震救灾》专题报道通过公交车、地铁、轻轨等户外数字电视在最快的时间传播给上亿户外人群。华视传媒作为全国公交电视联播网运营商，也不计报酬为相关机构及企业播出抗震救灾信息及广告，并发出抗震救灾呼吁，体现了移动电视媒体以及经营企业在特殊时期所具备的良好社会责任心。

而在万众瞩目的北京奥运期间，根据 CTR 调研数据显示，奥运期间公交电视媒体以 13%（约合 1900 万人口）的选择比例首次跻身主流媒体，成为奥运期间大众观看奥运赛事的新亮点。在北京、上海、广州三大核心城市，选择通过公交电视收看奥运的平均比例达到 17%，与网络已经相差无几。而在奥运会的主要举办地北京，选择通过公交电视看奥运的比例更达到了创纪录的 22%，超过了广播和互联网，成为仅次于传统电视的第二大百姓观看奥运媒介。[①]

---

① 王维波：《奥运收视调查数据：公交电视跻身主流媒体》，《中国证券报》2008 年 8 月 25 日

2.3 公交车载电视技术概况

国内的公交车载电视技术系统发展非常迅猛，目前，主要采用的技术包括：地面无线数字技术、硬盘（CF 卡、DVD）等预录技术、互联网定点无线下载技术。这之中，首推地面无线数字技术。

2.3.1 技术发展进程①

我国政府有关部门自 20 世纪 90 年代初以来，组织开展了地面数字电视传输体制和标准的研究开发工作，相继攻克了多项关键技术，形成了一批相关的自主专利技术。

在传输标准方面，先后有 6 个院校和研究机构分别提出和开发出了 5 套地面数字电视传输体制和系统方案，而最终的决赛，是在清华大学方案、上海交通大学方案和广电总局下属广播科学研究院方案三方之间展开的。2004年 11 月 5 日，上海交大 ADTB-T 方案的移动数字电视在上海市区进行实地演示，并在江苏等地测试；11 月 6 日，清华 DMB-T 方案的移动数字电视在河南全省开始用于商业试播，引起了较大的反响。11 月 16 日，数字电视标准组组长章之俭在"2004 年中国广电行业最具影响力评选活动"的启动仪式上明确表示：中国工程院目前正在加紧对清华大学和上海交大两套地面传输标准方案的技术融合。中国的标准之争已经进入了最后冲刺阶段。据深圳力合的统计，截止到 2005 年 12 月底，全国 40 个移动数字电视运营商中，有 25 个使用清华 DMB-T 标准，有 15 个使用欧洲 DVB-T 标准。②

我国地面数字电视传输标准于 2006 年 8 月 18 日颁布（GB20600 – 2006），并自 2007 年 8 月 1 日起正式实施（国标地面数字电视标准简称为 DTMB-Digital Terrestrial Multimedia Broadcasting. 较早时也称为 DMB-TH）。国标中的一种主要传输模式采用时域同步 OFDM 技术（TDS-OFDM），具有自主知识产权，能较好地支持移动接收，高清数字电视广播，单频组网。同时，测试表明在频谱利用，同步速度，支持单天线移动接收，室内接收等方面亦表现出了比 DVB-T 更好的性能。

2007 年 2 月 20 日，广电总局发布《进一步规范地面数字电视系统技术试验的通知》。通知说，广电总局成立了领导小组及工作小组，组织推进技术、

---

① 陈阳：《2009 年中国地面数字电视工作稳步进取》，慧聪广电网 http：//info. broadcast. hc360. com/2010/04/080822202417. shtml

② 韩丹：《数字电视标准出炉还要看实施》，《经济参考报》2006 年 9 月 1 日

标准、政策、法规等准备工作，加强对全国应用国标的指导，与国家发改委、信产部等相关部门协调推进标准的产业化进程和有关配套工作。强调在上述工作完成之前，暂不具备大规模试验地面数字电视的条件。明确移动数字电视试点的重点是现有非国际系统的转换工作，在技术准备完成之前，暂停审批新的试点，未经总局批准，任何单位不得擅自进行地面数字电视技术试验和非法使用电视频道，经批准进行地面数字电视试验的单位不得使用未经总局入网认定的地面数字电视无线发射、传输和接收设备。

2007 年 3 月，广电开展北京地面数字电视试验，年底基本完成。2007 年 10 月 12 日，深圳市举行了地面数字电视播出启动仪式，正式试播国家标准地面数字电视，成为我国第一个正式执行该国家标准的城市，也标志着国标地面数字电视正式进行推广阶段。

鉴于地面数字电视传输标准只是整个地面数字电视系统的基础标准。为了实施、应用和普及地面数字电视广播，首先要求制定和完善地面数字电视系统相应的配套标准。在广电提出并着手制定的 17 个配套标准体系中，2008 年已经有 9 项标准作为行标颁布实施。分别是：

《地面数字电视广播传输系统实施指南》，主要规定建立符合 GB20600 - 2006 地面数字电视传输标准的工作模式、组网模式选择以及工程实施等考虑的问题；

《VHF/UHF 频段地面数字电视广播频率规划准则》，标准主要在开展地面数字电视广播过程中，明确了规划所需要运用各种参数，适用于我国地面数字电视频率规划，并且可以作为频率规划一个技术依据，来指导全国地面数字电视规划工作；

《数字电视广播电子节目指南规范》：

《地面数字电视广播信号覆盖客观评估和测量方法》，这个标准主要适用于地面数字电视广播系统固定接收信号覆盖质量评估，可以作为地面数字电视广播网络设计和网络覆盖效果验收的技术依据；

《地面数字电视广播发射机技术要求和测量方法》，这个标准主要用来规定地面数字电视发射机技术指标和测量方式，它用于不同登记地面数字电视广播发射机，并可以作为发射机生产、调试、测量、入网验收等技术依据；

《地面数字电视传输流复用和接口技术规范》。这个规范对地面数字电视输入的数据进行了详细严格的定义；

《地面数字电视激励器技术要求和测量方法》，这个标准主要定义了功能方面的要求，符合单频网传输的支持模式，单频网的功能和多频网的功能，最后在标准中还给出一个接口的要求；

《地面数字电视广播单频网适配器技术要求和测量方法》，主要内容包括单频网适配器的输入输出接口定义，还有秒帧和秒帧初始包定义。

《数字电视广播业务信息规范》，这个标准适用于广播电视行业数字电视广播业务。

2.3.1 著名的三大方案

国内热炒的地面移动电视三大方案分别是欧洲 DVB-T 方案、上海交大 ADTB-T 方案、清华 DMB-T 方案。这三大方案在我国的公交移动电视发展过程中都发挥过不小的作用，推动了行业的进程。虽然因为国标的出台，他们中的一些会逐步推出中国的历史舞台，但在整个行业发展初期的贡献是不可磨灭的。并且，这三大方案也确实在具体的运用过程中各有利弊。下面，对这三大技术标准进行简要的介绍：

欧洲 DVB-T 方案[1]：

DVB-T 方案采用正交频分复用（COFDM）的调制方式，首先将高码率的串行数据流变成 N 个低码率的并行数据流，并对 N 个正交的载波分别进行调制，使动态多径和多普勒频移造成的码间干扰减小。设置循环前缀填充的 OFDM 保护间隔，减少了多径对多载波正交特性的影响，使码间干扰大大降低，从而很好地支持移动接收。采用 QPSK/16QAM 能在 100km/h 速度以下可靠接收电视图像和声音，COFDM 的单频网技术还可以对城市中的阴影区起到很好的补偿作用，实现数字移动电视的稳定接收。

在频率应用上，DVB-T 兼容我国现行的电视广播及接收系统．与现行模拟电视广播同时并存，互不干扰，逐步完成从模拟电视到数字电视的过渡．并使发射设备得到充分利用，减少了建网成本。

清华 DMB-T 方案[2]：

DMB-T 方案采用时域同步正交频分复用（TDS-OFDM）技术，通过时域和频域混合处理实现快速、稳定的同步捕获和跟踪。DMB-T 发明了基于 PN 序列扩频技术的高保护同步传输技术，并用其填充 OFDM 保护间隔，使系统的频谱利用效率提高10%，并有 20dB 以上同步保护增益。采用的快速信道估计技术提高了系统移动接收性能。另外，针对采用多载波 COFDM 技术的信噪比门限相对 VSB 单载波技术较差的问题，DMB-T 采用了一种新的系统级联纠错内码和最小欧氏距离最大化映射技术，使采用多载波技术的系统信噪比门限获得 lO% 以上的改善。

---

① 《清华 DMB-T 与欧洲 DVB-T》，百度文库，http：//wenku.baidu. com/view/ce89affdc8d376eeaeaa31b9. html

② 《清华 DMB-T 与欧洲 DVB-T》，百度文库，http：//wenku.baidu. com/view/ce89affdc8d376eeaeaa31b9. html

在频谱利用率、C/N 门限、接收灵敏度、抗多径干扰能力以及同步时间等方面要优于 DVB-T。

上海交大 ADTB-T 方案①：

上海交大 ADTB-T 数字电视系统其固定、移动接收指标全面突破了欧洲和美国的现有技术标准。其主要特点是：

单载波调制技术，峰均比低，受非线性失真影响小，对发射机要求低。

数据结构简洁、高效，在要传输的数据中插入了系统信息和预置信号，这样有利于迅速、可靠的系统同步和准确的信道估计，从而滤除多径接收中的反射信号。

TPC 信道编码技术，编码效率高，有效地降低了接收门限。

采用双导频信号来恢复载波，时钟作为信道均衡参照。②

2.3.2　三大系统③

数字移动电视系统由前端系统、发射系统和接收系统组成。

2.3.2.1　前端系统

前端系统是整个系统的核心部分，主要完成节目的制作、编辑、播出、视音频编码、数据协议转换、码流复用等。

前端系统主要设备和软件有：音、视频 MPEG 编码器，数字视频码流服务器，播出控制软件，码流发生器，单频网适配器，GPS 同步钟源和数字信号传输设备等。例如，南京广播电视台选用 SeaChange 硬盘自动播出系统和 InfoTV 资讯制播系统产生移动电视节目信号；具有 SDI 输入方式的 MPEG – 2 编码器；单频网适配器选用 UBS 的 PT5779。

2.3.2.2　发射系统

发射系统由传输网络和发射台组成。其主要任务是组成单频网，以便实现复杂地形条件下的地面广播覆盖。

传输网络主要是上接前端系统的单频适配器，下连单频网同步系统，由发送网络适配、网络分配、接收网络适配等部分组成。它的主要功能是选择合适的传播媒体及其对应的收发适配器，如光缆、微波等，从而进行点对点或一点对多点的分配，以及为各部分提供各类接口，例如：ATM 接口、SDH

---

① 《ADTB-T 数字电视地面广播传输系统》，慧聪网 http：//info. broadcast. hc360. com/list/zt0503. shtml

② 马晓阳：《关于数字移动电视技术探讨与展望》，《广播电视信息》2007 年第 4 期

③ 上海市广播科学研究所，《地面数字电视系统介绍》，百度文库 http：//wenku. baidu. com/view/f0c9cb116c175f0e7cd13741. html

接口、PDH 接口等，并完成码流的恢复和同步，确保路由安全。

所谓单频网的功能，就是在数字码流中插入一个 MIP 包以传输同步信号，各节点的调制器将信号进行抗干扰处理后调制成 IF 信号，再由发射机将 IF 信号变频为 RF 信号后进行功率放大，最后通过天线向空中发射。发射系统将传输网络送来的 TS 码流，直接送入激励器进行调制、变频，输出射频信号，再经发射机进行功率放大，通过天馈系统进行无线发射。

发射系统主要设备和软件：单频网规划和设计、城市覆盖测量、数字发射机、调制器，单频网适配器、GPS 同步钟源、发射天线等。例如，南京数字电视发射系统包括南京广电发射塔、南京江宁广电发射塔两个点，海拔分别为 135m、75m，其中南京广电发射机功率为 220W，江宁广电发射塔发射功率为 100W，两个发射点相距约 8km，可覆盖全市 90% 以上地域；信号传输设备选用 Networks 数字光端机，通过光纤将演播中心系统前端的节目信号送到单频网的各个发射基站；数字发射机是意大利 DMT 发射机，整机由调制器、上变频器、功率放大器三个单元组成；发射天线采用垂直极化方式，12 单元偶极子全向天线，天线增益 12dB，考虑到发射点在市区，为保证发射天线近场场形，采用了波束下倾和不等功率赋形技术实现零点填充。

2.3.2.3　接收系统

包括：接收天线、DVB-T 或者 DMB-T 专用机顶盒、收视 IC 卡。

2.4　公交车载电视产业链简介

公交车载电视的产业链主要包括以下几个环节：广告主、广告代理商、移动电视运营商、技术设备商、渠道资源方、内容提供商、受众。整个产业链中，移动电视运营商是最重要的环节。下面对产业链上的一些重要环节做一个简要的介绍。

移动电视运营商：移动电视运营商是指安装液晶电视终端、集成播放内容、出售媒体价值，并获得相应利益的企业。这些企业因为背景不同，对资源的掌握程度不同等因素，呈现出一定的差异。从总体上分析，有两个大类的移动电视运营商，一是北广传媒有限公司等有广电背景的运营商，他们掌握一定数量的终端，有内容生产和集成的能力，把广告外包给专门的广告公司，有的也部分自己进行广告运营。另一类是民营系的运营商，如华视传媒、世通华纳等，他们在有的城市掌握一定的终端，在有的城市则是与当地广电背景的运营商合作，只负责广告代理。

技术设备商：包括前端发射技术、终端接收设备等的提供商。例如：芯片设计制造商就有上海交大、深圳国微技术有限公司等。接收终端生产商包括康佳、海信、长虹等。

渠道资源方：渠道资源方是指移动电视的载体，也就是公交巴士。移动电视运营商必须通过与渠道资源方的合作，得到渠道资源方的许可才能够进行终端的放置。

内容提供商：内容提供商是视频节目内容资源的生产商。根据我国相关法律的规定，必须是获得广电总局认可的生产商或提供商。主要包括传统的电视台；民营内容制片商；有时候运营商也会根据自己的特殊需要自制部分内容。例如：北广传媒自制节目大概占 30% 的比例。为办好自制节目，北广传媒成立了一支由两三个记者组构成的采编队伍，记者组大小不等，其中规模较大者有三四十人。[①] 然而，现阶段，节目转播和集成仍占据首要位置。不过运营商会在内容提供商提供内容的基础上根据公交车载电视的特殊环境和需求进行再加工，使得节目长度和编排等更加符合其需求，以取得最佳收视效果。

2.5　公交车载电视市场格局

2.5.1　总体格局

2003 年 1 月 1 日，公交车载移动电视首先在上海出现。此项业务发展迅速，到如今，"跑马圈地"的时代基本结束，市场格局已经大致形成。从移动运营商的角度而言，目前国内公交移动电视呈现出广电系的诸侯割据和民营系的三足鼎立的格局，而中途又杀出一个 CCTV 移动传媒，竞争不可谓不激烈。从整体实力和所占市场份额来看，则分为三个梯队，第一梯队是民营系的华视传媒、世通华纳、巴士在线；第二梯队包括 CCTV 移动电视和东方明珠等；第三梯队则主要包括其他地方城市移动电视。

2.5.2　广电系诸侯割据

如今，几乎所有的省会城市和计划单列市的广电系统都发展了自己的移动电视网络。

由上海广电牵头组建的东方明珠是国内首个吃螃蟹者。2003 年 1 月 1 日，东方明珠率先在上海 4000 辆公交车上安装显示屏。截至 2011 年 1 月，已在公交车上安装了超过 2 万个收视终端，100% 覆盖上海中心城区，拥有 2.66 亿月均受众人次，每日受众人数达 889 万人次。财报数据显示，东方明珠移动

---

① 张垒：《奥运媒体报道也是一个浩大的建设工程》，《中国记者》2008 年第 7 期

电视已经实现盈利，2006 年此项业务收入接近 6000 万元人民币。①

与东方明珠同样从广电系统内部衍生出来的北广传媒则在北京大展拳脚。北广传媒集团诞生于申奥成功之后，成立之初就被明确赋予"奥运媒体"的职能，是北京用新兴媒体服务奥运的重点。截至 2008 年 5 月，北广传媒已在 9857 辆公交车上安装了移动电视，在北京移动公交市场所占份额达 51.22%，信号覆盖北京市六环路以内。②

然而，东方明珠移动电视和北广传媒虽然各自在当地站稳了脚跟，但受广电机构背景所限，无法向全国其他地区进行渗透。因此，有广电背景的公交移动电视在全国范围内形成诸侯割据的局面。其市场份额还有可能在民营公司的挤压下越来越小。

2.5.3 民营系三足鼎立

世通华纳、巴士在线、华视传媒三大民营移动电视企业打的都是"全国网络"牌，通过一系列合作、融资，发展势如破竹，在全国范围内已形成三足鼎立之势。

世通华纳称自己为"中国最大的移动电视运营商"，华视传媒号称"拥有中国最大的户外公交数字电视广告联播网"，巴士在线则着重强调"是新华社、中央电视台在移动媒体（电视）领域的长期战略合作伙伴，是唯一全国性移动电视网络"。2007 年 12 月 18 日，巴士在线更是与中央电视台合作，推出 CCTV 移动传媒，强强联合，扩充了自身实力和在行业内的竞争能力。

2008 年 3 月，中国人民大学舆论研究所、《广告大观》、传媒中国网等三家机构联合推出的《中国车载移动电视媒体运营商综合实力研究》报告结果显示，世通华纳总体评分为 360.04，位居第一；巴士在线 237.91 分，排名第二；华视传媒 233.49 分，排名第三。报告认为，在市场竞争格局中，世通华纳在经营实力、资源优势、企业规模、企业市值等几方面显示出了强大的优势。相比之下，巴士在线虽在全国扩张中也取得了较好的成果，然而单一区域的车辆媒体数量和线路质量却多处于劣势；华视传媒虽也实现了一定程度上的点状扩张，却尚未形成真正意义上的全国性独家网络资源。③

在激烈的市场竞争之下，市场份额和市场排名也在不断发生着变化。根

---

① 数据来源：东方明珠移动电视官网，www. mmtv. com. cn/2007opgm/index. php
② 张垒：《奥运媒体报道也是一个浩大的建设工程》，《中国记者》2008 年第 7 期
③ 《中国车载移动电视媒体运营商综合实力研究报告在京发布》，和讯网 http://jh. hexun. com/2008－02－22/103999123. html

据易观国际的调查报告《中国移动电视市场研究专题报告 2009》[①] 的数据显示：2009 年上半年，华视传媒占据第一名的位置，市场份额达到 50.7%，巴士在线排名第二，占到 18% 的市场份额，世通华纳排名第三，市场份额为 15.5%。

而根据业内人士的最新数据分析，资源布局上，华视传媒和世通华纳更胜一筹。

其中，世通华纳的资源覆盖了 35 个城市，核心资源主要是区域中心城市，如杭州、厦门、青岛、昆明、合肥、西安等。而华视传媒联播网已覆盖 27 个城市，其中包括 18 个自有网络城市，如北京、广州、上海、天津等一线大城市的公交移动电视的广告代理权。

但与华视重点发展一线城市，世通华纳重点布局区域中心城市不同，CCTV 移动传媒在一、二、三线城市均有所染指，却没有侧重点，没有形成垄断，这让其打造的联播网出现了瑕疵。东方明珠则占尽地利之例，重点覆盖上海，这个中国最大和消费能力最强的城市，其力量不可小觑。[②]

在现有政策下，民营移动电视运营商与城市广电系统和公交系统三者的合作模式通常为：运营商负责视频终端提供、技术维护、部分传播内容的制作，以及广告开拓和管理等。而当地的广电系统仅负责提供传输通路、部分传播内容，并负责节目的最终审查和批准。公交系统则主要提供现有的汽车资源。

三大民营运营商虽同台竞争，运营模式却有明显不同：世通华纳定位于节目制作、广告运营、安装维护三位一体。华视传媒则走的是"广告代理商"的路线，"把属于广电的留给广电"，联合各地广电部门开办合资企业，解决市场占领和内容提供等问题。在与中央电视台联手推出 CCTV 移动传媒后，巴士在线则打算退居幕后，主打"CCTV 移动传媒"的品牌，着重经营广告市场和网络终端。

2.5.4　CCTV 移动：一枝新秀

2007 年底、2008 年初，北京的公交车上出现了"CCTV 移动"的身影，这是央视国际和巴士在线合作推出的。截至 2008 年 10 月，已在北京、上海、广州、深圳等 30 个大中城市的 40,058 辆公交车上安装了 67,770 块播放终端，拥有 28 个自有媒体网络、2 个独家代理媒体网络。计划建成 45,000 辆公交

---

① 易观国际：《中国移动电视市场研究专题报告 2009》，百度文库，http://wenku.baidu.com/view/fb5aa9d233d4b14e852468d7.html

② 钟澎：《中国公交移动电视发展长期看好》，新华网 2009 年 9 月 29 日

车、近9万块播放终端的公交移动电视网。①

在北京，"CCTV移动"已经迅速占领北京远郊线路、运通公司以及快速公交线路等。在内容上，CCTV移动节目素材绝大多数来自央视庞大的视频数据库，目前主要包括12档精选的央视节目。CCTV移动可以通过央视实时在线采集系统调取节目，二次编辑后迅速下发。借助央视的背景，CCTV移动还可以集成其他优秀内容，如其"瞬间"栏目便采用了新华社的图片。

央视与巴士在线的合作协议签署后，巴士在线原有的车载电视系统的节目集成播出平台已交给央视移动传媒管理和运营。央视移动传媒对集成平台控股，拥有平台资产支配权，并负责平台播出内容的编排、审核、播出和监看；巴士在线负责传输系统的开发、建设和车载终端的安装以及上述系统、设备的日常维护工作。

依托央视强大的品牌背景和庞大的视频节目资源，"CCTV移动"这一枝新秀甫一出现，就迅速引起受众和广告商的关注，发展前景不容小觑。

2.6 当前影响公交车载电视发展的几大因素

2.6.1 奥运会等大事件助公交电视跻身主流媒体

2008年，为保证奥运会顺利举行，北京市政府实施奥运期间汽车单双号出行的举措，据CTR市场研究数据显示，在对奥运期间将选择哪种出行方式的调查中，有74.9%的市民表示会选择公交车出行，有54.2%的市民表示会选择地铁。奥运期间北京市公共交通乘客每天增加412万人次，达到2110万人次，平均乘坐时间超过30分钟。② 基于庞大的市场需求，各家公交电视公司纷纷加快布局，北京、上海、广州、深圳等全国近30个大中型城市的公交电视与奥运现场实现同步，每天有数亿乘客通过公交电视收看到奥运相关节目。

奥运会后，据CTR数据显示，通过对全国16个城市1500个样本做的调查，通过传统电视、广播、互联网、移动电视收看电视的比例分别为，传统电视96%，广播22%，互联网17%，移动电视13%，在北京、上海、广州三大核心城市中，通过公交移动电视收看奥运的比例更高，平均比例达到17%，

---

① 数字来源：《2009年CCTV移动传媒媒体推介手册》，豆丁网 http://www.docin.com/p-59331126.html

② 华视传媒：《即时传播成就奥运商机》，《首席财务官》2008年第9期

与网络18%的选择比例相差无几，成功晋级主流媒体行列。①

奥运助推公交移动电视晋升主流媒体行列的表现主要体现在以下几个方面：

一是借助奥运契机加快布局，业务覆盖范围迅速扩张。

以北广传媒移动电视为例，奥运会期间共覆盖北京公交的80%，装车1.2万辆，有2.4万个屏幕，同时，覆盖了地铁13号线、8通线、5号线和10号线，每天覆盖的受众在1766万人次，收视规模非常庞大。近年来，我国城市公共交通乘客数量不断增加。而目前油价及停车费用上升导致私车使用成本提高，会使一些人改乘公共交通工具出行。近期市场研究数据显示，有超过一半的北京市民表示会选择地铁、公交出行。因此，公交移动电视受众也将呈长期增长的趋势。

二是培养了受众的收视习惯，提高了接受程度和依赖程度。

公交移动电视作为城市最便捷、日间覆盖人群最多的媒体，受到了广大市民的热衷。奥运期间对于赛事的直播将会改变公交受众对于移动媒体收看观念的改变。出行途中收看电视、获取信息将成为人们的习惯和需求，这将促进公交电视的长久持续发展。

三是在广告市场的影响力日益明显。

与受众热衷度相伴随的是广告商的热情参与。为分享奥运"大餐"，国内外一些耳熟能详的大众消费品纷纷加大奥运期间的广告投放力度，覆盖人群密集的公交移动电视也成为各行业广告主选择的重点投放目标。一方面，表现在广告客户的数量增加，另一方面，表现在广告客户的质量增加。投入移动电视广告的业主实力层次正在提升，像麦当劳、强生、宜家、国美、中国人寿、中信银行、蒙牛、百事可乐等知名企业都已成为移动电视的稳定投放商。这两个增加有利于提高移动电视广告影响力，也有利于移动电视广告收费标准的提高。

除了奥运会，2010年的上海世博会、广州亚运会的召开也会大大促进了公交车载电视行业的发展。

以世通华纳为例，为了迎接广州亚运，世通华纳做了三大准备：首先与广州广电部门签约拿下了广州市中心的优势公交资源，实现了对广州繁华商圈和CBD的全覆盖。其次，该集团广州子公司建立了大客户营销团队，招聘了富有移动电视业务经验和体育营销的业务人员，不仅为掘取亚运商机的品牌提供专业的广告服务，也可以帮客户融入到体育营销活动上面，把客户的

---

① 罗晓军：《从奥运实战看移动数字电视发展机遇》，在"2008中国数字电视产业高峰论坛（CDTF）"上的讲话，http://digi.it.sohu.com/20080927/n259791873.shtml

品牌跟运动有更多的联系。最后，在资源上实现广州和深圳的区域联动，让移动电视广告投放的效果达到最佳。①

2.6.2 公交移动电视行业指标建立

2008 年，公交移动电视行业指标的建立成为行业内热议的焦点。出现在公众面前的主要有两个指标体系，一个是"中国公交移动电视受众测量指标"，另一个是"移动电视效果评估新标准"。二者虽然名称有所不同，但实质基本一致。

"中国公交移动电视受众测量指标"的合作成员包括：CCTV 移动电视、央视市场研究 CTR 和华视传媒。指标体系包括公交移动电视受众研究、广告检测以及广告效果评估等。CTR 市场研究和 CCTV 移动传媒、华视传媒共同成立了"公交移动电视媒体效果评估体系专项研究小组"。CTR 市场研究主要负责整个评估体系的环节设计和实施，CCTV 移动传媒与华视传媒主要提供评估指标的参数构成。这是中国首个公交移动电视媒体评估行业标准。

另一个是"移动电视效果评估新标准"，由世通华纳、央视市场研究 CTR、尼尔森媒研和新生代市场调查公司联合打造，合作时间比前者稍晚。主要是在传统电视研究体系的基础上，共同致力于建立移动电视效果评估的新标准。对移动电视媒体特性、收视行为、受众结构、广告效果进行连续性系统化研究，同时将所得数据列入相关机构的研究系统。2008 年 10 月 22 日，在安徽合肥召开的第 15 届中国国际广告节上，世通华纳发布了中国公交移动电视收视调查。这是公交移动电视媒体运营商和第三方监测机构首次在全国范围内，对 11 个经济最为活跃的城市所进行的目前范围最广、历时最长、最客观和科学的一次调研，它首次对公交移动电视受众做出全景式的描绘，内容涉及城市乘坐公交的人群比例，以及公交电视受众的人口构成、收入水平、消费习惯和媒体价值分析等。发布会上同时推出了首枚中国公交移动电视收视率专属标识。

---

① 《世通华纳抢滩传媒渠道 亚运会凸显公交电视价值》，腾讯网 http://ent.qq.com/a/20091214/000405.htm

移动电视具备即时传播、强迫收视、海量受众和良好的广告传播效果等特点，自诞生以来的短短几年间即如火如荼地发展起来，但从整体水平看，我国的移动电视媒体尚处于初期阶段，存在许多问题，例如：研究数据的缺乏，行业理论的不完善、收视评估体系的模糊，广告效果的评判的行业标准的缺乏等，造成广告客户在投放时的尝试性心态，其广告在过去几年中相比其他媒体的发展速度还相差有一定的距离。

而在传统媒体领域，测量"电视收视率"、"报纸阅读率"、"电台收听率"等指标都有权威公认的方法，对整个行业的健康发展起到非常重要的保驾护航的作用。看来，公交移动电视行业指标体系的缺位已经影响到了整体的发展。

在这样严峻的背景下，上述指标体系的建立，解决了公交移动电视媒体效果评估困难的问题，使广告主在选择投放公交移动电视媒体时有理可依、有据可查，使得媒介计划制定更加规范，可以提供积极的引导和有效的指导，避免资源的浪费，有利于促进整个产业链的健康发展。特别是在全球金融危机的大环境下，理顺评估体系将使广告主获得新兴的价廉质优的广告传播渠道，有助于媒体的发展。

2.6.3 风投助力公交电视大发展

2008 年新年伊始，风投对于户外新媒体的热捧就已经表露无遗。世通华纳传媒集团的第三轮融资更是以 5000 万美元的实际融资额拔得头筹，至此，该公司三轮融资总额已达 9500 万美元。此轮融资系由国际著名基金霸菱投资。霸菱亚洲是亚洲历史最悠久的私募基金之一，曾投资于超过 40 家亚洲公司。这是世通华纳继 2006 年成功获得国泰财富基金、鼎辉创投、华登国际、成为基金四家基金共同注资的 4500 万美元之后的又一笔巨额融资。不到两年的时间，世通华纳就获得了近亿美元的融资，这对于一个尚未上市的新媒体企业来说，分外突出。

三大民营移动电视公司融资情况

排名	媒体名称	投资机构	融资金额
1	世通华纳	国泰财富基金、鼎辉创投、华登国际、成为基金、霸菱基金	9500 万美元
2	巴士在线	IDG、崇德投资等	7200 万美元
3	华视传媒	美国 Och-Ziff（OZ）、高盛以及麦顿投资（Milestone）	5400 万美元

公交电视之所以能够得到风投的青睐主要基于以下原因：公交电视主要通过广告赢利，盈利模式较为清晰；内容方面由于很少直接涉及内容制作，面对政策风险的可能性也较小；再加上受众接受度的不断提升，让投资者看到了较为广阔的发展空间。

在获得融资后，公交电视企业多以扩张资源和行业整合为目的。以世通华纳为例，2006年，该公司经过两轮融资，成功引进4500万美元的风投。借助资本的力量，世通华纳开始了一轮"闪电式"扩张：短短的9个月内，世通华纳创建的公交移动电视全国广告联播网就覆盖至全国30余个城市，成功的从一个区域性的广告媒体成功转变为一个全国性的媒体集团，成为公交移动电视的领军企业。2008年世通华纳融得5000万后继续其扩张之路，通过圈地圈屏扩大自身的规模化运营，同时也推动整个产业的整合。据悉，获得融资后，世通华纳在北京、苏州、温州、南宁、哈尔滨、呼和浩特等城市悄然布局，其在终端资源方面的优势进一步凸显，由此带来了移动电视媒体之间的并购整合也将很快拉开序幕。此外，在原有的公交车资源基础上，世通华纳还开始向社区大巴、油轮和超市挺进，逐步渗透到途中媒体的所有渠道，实现规模化经营。

不过，随着金融危机席卷全球，很多海外投行都受到影响，纷纷在2008年的下半年提高了投资的门槛，放缓了投资的速度。受金融危机影响，世通华纳的上市计划受挫。目前看来，这股投资热潮估计会暂告一段落，这对于公交电视的大踏步发展无疑是不小的打击。

2.6.4　城市交通硬件设施不断改善推动公交车载电视发展

优先发展城市公共交通，是贯彻落实科学发展观、建设资源节约型和环境友好型社会的具体体现，也是缓解城市交通拥堵、方便群众出行、改善城市人居环境、构建和谐社会、促进城市可持续发展的必然要求。在国家大力提倡发展公共交通的前提下，公共交通在近年来取得了长足的发展，数量增加，乘车环境大大改善，这些都是促进公交车载电视发展的动力。

以北京市为例[①]，2009年5月，市委市政府提出，要把北京建成"城乡一体化的数字城市、资讯获取便利的城市、移动互联的网络城市、信息新技术新业务的现行城市、信息安全水平一流的可信城市"。移动电视作为重要的信息基础设施和信息服务终端将发挥重要作用。

北京市实行"公交优先"战略，到2012年，公共交通出行比例将从目前

---

① 彭琳海：《北广传媒移动电视现状与发展》，豆丁网 http：//www.docin.com/p－142043665.html

的 37.6% 提高到 45%，移动电视受众规模将持续增加；与此同时，"绿色出行"、"公交出行"理念逐步深入人心，移动电视受众结构将继续优化。

另外，北京市发展文化创意产业，推行《北京信息化基础设施提升计划(2009 – 2012)》，加快建设公共文化服务体系，将扩大移动电视发展空间。

2.6.5 行业协会的建立有望以协同作战力促移动电视发展

中广协交宣委移动电视分会成立于 2008 年 10 月 23 日，是由原中国移动电视协作体整体平移加入中广协的会员单位，现有会员单位 30 家，由国内各省、自治区、直辖市及地级市以上的广电系统移动电视运营单位组成。北广传媒移动电视为中广协交通宣传委员会常务副会长单位和副秘书长单位。副会长单位分别为：重庆广电移动电视有限责任公司、青岛广电移动数字电视有限公司、四川广电星空数字移动电视有限责任公司、杭州广电公交移动多媒体有限公司、辽宁北斗星空数字电视传媒有限公司、深圳市移动视讯有限公司、南京广电移动电视发展有限公司和安徽广电移动电视公司。

协会以团结全国移动电视运营商，努力繁荣和发展具有中国特色的移动电视产业，加快构建传输便捷、覆盖广泛的文化传播体系，形成舆论引导新格局；发挥党和政府与媒体之间的桥梁和纽带作用；加强移动电视产业内部及与社会各界、广大观众的联系；促进移动电视工作者职业道德建设；维护成员的合法权益为宗旨。中广协交宣委移动电视分会的成立，是移动电视产业发展中的里程碑，是标志着移动电视产业走向成熟化、规模化的重要事件。[①]

行业协会成立后，积极参与组织了有利于促进整个行业发展的活动。近年来组织的主要活动列举如下：

2009 年 7 月，举办"移动电视品牌塑造与行业运营"实战培训，面向移动电视及相关产业内专业人士进行品牌塑造与提升，行业推广及合作，节目内容更新与交流方面的职业化提升培训。

2010 年 2 月，由重庆广电移动电视发起，中广协交宣委主办，全国移动电视协作体承办的纪念建国 60 周年"祖国在我心中"——全国移动电视记者大行动启动。

2010 年 3 月，在辽宁电视台召开的中广协交宣委移动电视分会第一届第六次常务理事会上，大家讨论了"移动电视分会参与世博会相关活动"、"建立移动电视产业信息精华网址链接集萃"等事宜。

2010 年 6 月，协会承办"2009 年度中国移动电视创优评析"。节目评析

---

① 资料来源：中广协交宣委移动电视分会网站 http://www.bj-mobiletv.com/fenhui.php

活动对提升移动电视节目质量，促进移动电视向精细化方向发展具有重要的促进作用。

除了组织各种活动和论坛，协会还有自己的刊物《数字移动时代》。《数字移动时代》作为中广协交宣委移动电视分会的理论刊物，是国内首本专门针对数字移动多媒体的行业杂志，主要涉及三网融合、手持电视、移动电视、直播卫星、IPTV、3G、有线电视数字化等领域的技术、运营、管理、内容和服务；以广电移动视频产业为主，同时涉及电信、互联网等相关产业的技术与信息；密切关注国内外行业进展，将 CMMB、TMMB、DAB、TDMB、ISDB-T、3G、DMB-TH、DVB-H、DAB-IP 等标准动态尽揽其中。主要内容：政策标准规划、技术优势介绍、技术运营管理、典型案例介绍、高端领导访谈、市场数据分析、国外经验介绍等。为行业的发展提供了一个研究、探讨、交流的平台。

2.7　公交车载电视受众分析

2.7.1　总体情况

各大市场调查公司都针对公务车载电视进行了详细的受众研究。根据 CTR 市场研究 2009 年第一季度对中国 16 个主要城市公交移动电视收视研究基础调查结果显示，在主要城市中人们在户外的时间为平均 2.4 小时，已经达到或接近在家收看电视的时间（平均 2.8 小时）。① 与此同时，城市居民媒体接触日趋多样化，接触习惯也在不断改变。调查显示，人们对公交移动电视的接触程度仅次于电视和报纸。

2008 年 10 月，公交移动电视运营商世通华纳传媒集团和调研机构尼尔森集团联合发布了国内首部《中国公交移动电视收视率调查报告》。根据对全国 11 个中国城市公交移动电视受众全景的调查结果，中国公交人口占比均高于 75%，其中青岛、厦门、大连等几个城市公交人口占比均接近 100%。基于公交人口分析，公交移动电视媒体的到达率（指暴露于一个媒体执行方案的人口或家庭占总人口或家庭的百分比）直逼电视，其总体到达率在 95% 左右，大连、西安更接近 100%。从收看公交移动电视的频率来看，基本上超过 50% 的公交人口已经养成了固定收看公交移动电视的习惯。②

2.7.2　公交车载电视受众特征

移动电视的目标受众是移动过程中短暂停留的观众，而不再是传统意义

---

① 金娟娟：《中国公交移动电视受众调查》，《市场观察》2009 年第 07 期

② 文静：《公交移动电视到达率直逼电视》，央视网 www.cctv.com/cctvsurvey/20081217/104264.shtml

上的家庭固定受众。概括来讲，公交移动电视受众主要有以下特征：

1、分散性

公交车上的人群是临时聚集且随时移动的，这些移动的人群来自各行各业，相互之间可能没有共同的收视习惯。通常来讲，他们对移动电视内容的收视要求是分散的，因此移动电视在节目内容安排上要充分考虑其受众的分散性。

2、移动性

公交车上的人群随时移动，变换位置或者上车下车。移动性和分散性使得移动电视运营商选择节目内容变得困难。

3、临时性

乘客在公交车上是否会观看移动电视是一种临时产生的行为。乘客可能因为站的位置靠近移动电视屏幕而观看；可能是被某一档节目吸引；可能是无聊而把目光投放在移动电视上；可能是因别人的反应吸引而去看移动电视等。以上几种都促成一种临时性的观看节目的行为。

4、相对固定性

每天某个时段乘坐某辆公交车的人是基本固定的这有利于培养相对固定的收视期待和收视习惯，但也产生一个问题，即固定时间乘坐同一车次，看到固定的节目和广告，可能使受众对这种强制性的传播产生疲劳和抵制的心理。

2.7.3 公交车载电视受众基本情况分析

综合各种调查结果，可以看出，公交移动电视受众的基本情况包括：受众以城市居民为主，城市常住人口为公交移动电视传播的主要对象；工薪阶层和中产阶层构成公交移动电视的主力；从职业来看，城市一般职员和学生为主；公交移动电视面对的受众年龄层跨度较大。[①]

2.7.3.1 年龄基本情况

据多项调查显示，公交移动电视的受众以中青年居多，年龄集中在15 - 39 岁。这一年龄段的消费者是市场上的主力消费群体。CTR 在《北京移动电视公交人群调研综合报告》[②] 中指出：在年龄方面，16 - 25 岁的占 24.6%，26 - 35岁的占 23.7%，36 - 45 岁的占 24.2%，46 - 54 岁的占 27.5%。

---

① 何建平、刘洁：《中国公交移动电视现状研究》，《当代电影》2008 年第 06 期
② CTR 市场研究：《北京以东电视公交车车载移动电视调研整合报告》，百度文库 http://wenku.baidu.com/view/52bf810c844769eae009ed68.html

年龄：
16 - 25 岁　24.6%
26 - 35 岁　23.7%
36 - 45 岁　24.2%
46 - 54 岁　27.5%
平均个人月收入：　1725.4 元
平均家庭月收入：　3711 元

2.7.3.2　职业基本情况

公交移动电视的受众以公司职员、工人、服务业职员等上班族和中学生为主，他们是公交移动电视广告相对稳定的接受群体。CTR 在《北京移动电视公交人群调研综合报告》中显示：企业的一般职员占16%，从事服务行业的人员为14.2%，工人12.9%，自由职业者11.2%，学生10.4%，企业的中高层管理人员 7.1%，教师/律师/会计师/医生等专业人员7.1%。① 见下图：

职业
企业的一般职员　16%
服务行业的服务人员　14.2%
工人　12.9%
自由职业者　11.2%
学生　10.4%
企业的中层或高层管理人员　7.1%
专业人员（如教师/律师/会计师/医生等）　7.1%
退休人员　6.9%
政府/事业单位的一般办公室职员　4.4%
私营企业主/企业合伙人　3.3%
政府/事业单位的中层或高层干部　2.3%
小商铺/饭店等的业主　1.7%
无业/待业/失业　1.5%
家庭主妇　0.8%

---

① CTR 市场研究：《北京以东电视公交车车载移动电视调研整合报告》，百度文库 http://wenku.baidu.com/view/52bf810c844769eae009ed68.html

2.7.3.3　学历基本情况

公交移动电视的受众大多受过中高等教育，以高中以上文化程度为主，整体教育状况良好。CTR 在《北京移动电视公交人群调研综合报告》中显示：有 1/3 以上拥有大专以上学历，大专 20.2%，大学本科 12.5%，硕士及以上 1.2%，高中 39.4%。① 见下图：

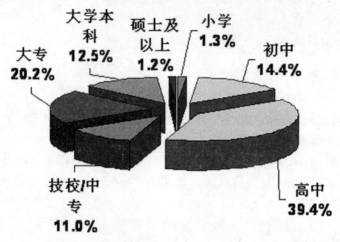

2.7.3.4　收入基本情况

公交人群的收入水平处于城市平均水平。据 CTR2009 年公交移动受众 16 城市的基础调查数据显示，每月供个人可支配并用于消费的部分占到了其月收入的 80%－90%。虽然公交人群不是收入层次中的上层富裕人群，但是就普通的日常快速消费品而言，这个群体的总体消费能力是不容忽视的，可以说是当仁不让的主流消费群体。主要乘客总体平均个人月收入为 1725.4 元，其中，收入在 1499 元以上的占到 45.1%，收入在 1500 元至 4499 元的占 52.9%，收入在 4500 元以上的占 2.0%。家庭平均月收入为 3711 元，2499 元以下占 24.4%，2500 元至 4499 占 52.2%，4500 元以上的占 23.4%。以西安、成都为例，公交移动电视的受众个人月平均收入在 1000－2000 之间。北京、广州、上海等经济发达地区略高一些，以 1000－2500 这一区间为主，但从整体上看，均属于中等收入群体。②

---

①　CTR 市场研究：《北京以东电视公交车车载移动电视调研整合报告》，百度文库 http：//wenku. baidu. com/view/52bf810c844769eae009ed68. html

②　CTR 市场研究：《公交移动电视受众分析》，百度文库，http：//wenku. baidu. com/viewdlb6da360b4c 2e3f572763ac. html

下图：个人月收入情况

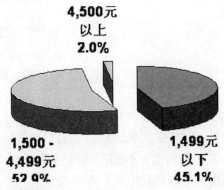

下图：家庭月收入情况

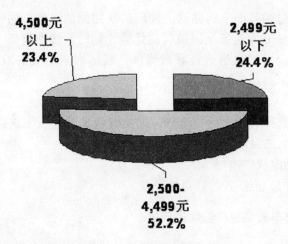

2.7.3.5 *性别基本情况*

性别构成较为平均，据 CTR2009 年公交移动受众 16 城市的基础调查数据，其中男性乘客占到 51%，女性乘客占到 49%。[①]

2.8 公交车载电视广告分析

2.8.1 公交车载电视广告的类型

公交车载电视的广告基于新媒体的形式，非常灵活多样。除了常规广告之外，还可以视具体需求灵活采用内容植入、专题报道、栏目冠名等多种形

---

① 金娟娟：《中国公交移动电视受众调查》，《市场观察》2009 年第 07 期

式，为广告客户量身打造个性化的广告服务。具体类型包括：

1、常规广告形式

包括 5 秒标版、10 秒硬广、15 秒硬广、20 秒硬广、30 秒硬广等。

2、软性广告形式

包括企业赞助短片、企业宣传片、品牌活动发布、电视购物节目、产品推荐栏目等。

3、特色定制形式

包括滚动字幕广告、植入式广告、栏目冠名、口播广告等。

另外，站在广告客户的角度，按照广告播出的范围，公交移动电视的广告可以分为联播、点播、地方移动电视广告三类。①

1、联播

广告主可以订购某一全国移动电视广告联播网的时间，同时向全国市场发布信息。联播一方面具备全国播放的优势，同时，成本较低，但是也存在不少缺点，比如，无法灵活选择联播媒体，联播网名单上的城市数量有限，订购广告时间所需的预备期较长。

2、点播

点播在市场选择、城市媒体选择、播出时段选择、文案选择上为全国性广告主提供的更大的灵活性。

3、地方移动电视广播

地域较为局限，但广告的针对性较强。

2.8.2　公交车载电视广告优劣分析

作为新的媒体形式，公交车载电视广告的优势与劣势也是非常明显的。

2.8.2.1　优势分析

优势一：受众覆盖面广泛，接触频率高，目标受众较为明确

有资料显示，早在 2005 年上海每天有 500 万人次通过公交线路出行，平均每人在公交车上大约需花费 40 分钟时；北京市公交车辆已达 2 万多辆，每天乘坐公交车的人次高达 1180 万，市民平均每周花费在公交车上的时间为 5.18 小时，年运营总人数近 50 亿人次。② 这些庞大的数字之下蕴涵的是公交移动电视巨大的收视人群和发展空间。

同时，公交乘客以上班上学购物人群为主，富有活力、创造力、思想观点开放、消费欲望强，具有一种松散的群体意识。移动电视的节目和广

---

① 《移动电视广告媒体分析报告》，豆丁网 http：//www.docin.com/p-2346163.html
② 肖叶飞：《移动电视的传播特性和发展前景》，《传媒》2005 年第 05 期

告播出是针对这些群体的传播行为，有了较为具体的目标受众指向，就可以根据不同的人群播出不同节目和广告，使每一时段都成为广告的黄金时段。

优势二：环境封闭，频道唯一，"强制性"视听

相对于传统媒体，公交移动电视受众处于一个封闭的环境当中，乘客没有选择节目的权利，但只要置身公交车内，就无法避免移动电视声像的干扰，即使不主动收看图像，也不可回避地接受到来自电视广告节目声音所传递的信息。同时，乘客处于等待到达目的地的时间中，大多无事可做，较容易对公交电视产生注意力和记忆力，以打发无聊的时间。

优势三：广告成本较低

相对于传统电视而言，公交移动电视广告传播所耗费的成本要低廉得多。根据江西传媒移动电视公司提供的数据显示，其移动电视广告的千人成本仅为5.42元，而传统电视的千人成本为20.64元，杂志为20.80元，报纸为13.28元，相差十分显著。

2010年1月1日起，国家广电总局颁布的《广播电视广告播出管理办法》（第61号令，又称"新17号令"）正式生效。与之前17号令"每套节目每天播放广播电视广告的比例不得超过该套节目每天播出总量20%"的规定相比，新规对于电视商业广告的播出时间再次作出明确限定——"播出机构每套节目每小时商业广告播出时长不得超过12分钟。"虽然新旧条令的上限都是288分钟，但是业内普遍认为，由于61号令把限制规定到了每个小时之中，这意味着电视台不能在非黄金时间或者广告量不满的时间"借时间"，因此将导致各电视台大幅调整广告价格。公交移动电视的广告成本优势将更加明显。[①]

优势四：投放灵活

公交车载电视的广告投放非常灵活。以世通华纳的广告投放为例，世通华纳的专业销售团队通过与客户的细致沟通，了解客户的产品定位、媒体佳话、投放目标等，为客户量身定做广告投放计划。通过播出时间、播出频次和各地露出计划等切实可行的执行方案，有效地帮助客户实现营销目标。广告可以是任意城市、任意时段、任意节目的组合。

---

① 《电视广告价格上涨 公交移动电视或迎发展新机?》，网易科技 http://tech.163.com/09/1118/12/5ODCFD43000915I3.html

下图：世通华纳广告客户服务流程①

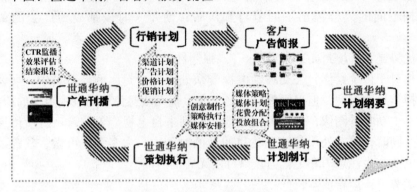

保证客户的广告投放得到最大价值的效果

2.8.2.2 劣势分析

有学者就公交移动电视广告的瓶颈进行了深入分析，归纳为以下三点②：

劣势一：受客观环境的制约

公交汽车嘈杂、拥挤、颠簸和人员构成复杂的环境，收视容易受到干扰，影响广告的传播效果，同时还有车壁广告、车外街景等一些外在因素也会吸引乘客的注意力，此外，因公交移动电视的收视环境不具备轻松安逸的特点，受众在收看节目时往往伴随着烦躁、厌倦、紧张等负面情绪，这些都很容易造成受众收视注意力的涣散。

劣势二：节目质量不高，广告接受度差

很多移动电视运营商没有专门的电视制作中心，所传播的内容多是直接嫁接传统电视节目，或是广告制作质量不高，大量地重复播放低质量广告，破坏整个公交电视的品牌形象，无法吸引受众的注意力。受众并不关心媒体采用了什么新技术，真正关心的还是内容，因此，加强电视内容建设，增强广告的黏附性，是每一个运营商不得不面对的首要问题，要吸引更多的企业投放广告，还得从广告市场本身入手，制作出具有影响力、效果显著的广告作品，这才能对其他企业和广告商产生显性的吸引力。

劣势三：传播技术有待进一步发展

作为新兴的移动技术，还面临着许多技术问题，如移动电视在行驶中会出现黑屏和信号中断的现象，如报站时声道切换等原因，必然导致有画面没有声音等问题，甚至还有相当比例的公交移动电视在出现故障后没有及时维护和修理，而导致长时间无法正常传播，这些问题必然会影响公交移动电视

---

① 世通华纳官网 http：//www. towona. com/index. php？ pages＝client-service
② 郑小清：《公交移动电视广告发展现状与瓶颈》，《中国广告》2009 年第 9 期

的传播效果，从而降低其广告价值。许多经营公交移动电视的企业也时常因为这些技术问题而头疼，面对乘客和司机越来越多的投诉，就必须在技术上拿出解决的办法。

劣势四：低俗广告有增无减。

不顾受众感受的低俗广告内容一直有增无减。据《云南法制报》记者2010年7月28日在昆明市4路公交车上的调查显示，在该公交车上，记者统计，车载电视在10分钟内就播放了4次"人流"广告、1次脱毛广告、两次丰胸整形广告。广大乘客对于公交广告中低俗内容的反感情绪由来已久。一颗老鼠屎，坏了一锅汤。这些低俗广告的存在拉低了受众对公交电视广告的整体印象，影响了整体的接受度。

2.8.3　公交移动电视广告未来的发展突破口

公交车载电视想要取得更好的发展，需要改进的地方还有很多，只有从技术、电视内容、广告投放策略本身等方方面面着手实现突破和创新，公交车载电视才能赢得受众和广告商的双重认同。

2.8.3.1　改进传播技术

如前文所述移动电视在行驶中会出现黑屏和信号中断的现象，这个问题在国内移动电视中是比较普遍存在的。对于传播环境，除了可以从技术上来解决，还可以从节目制作、编排上来寻找突破口。

2.8.3.2　改进内容质量　增强广告黏附性

媒体的特性决定了其运作要依靠"二次销售"，没有高质量的内容，就不可能吸引受众的长时间关注，而广告作为注意力经济，也就没有可依托的注意力。因此，势必需要加强公交车载电视的内容建设，以增强广告的黏附性，从而吸引更多的企业投放广告。根据2006年CTR市场研究受华视传媒委托进行的调查显示，被访者最希望看到的广告品类前十位分别是：手机、公益信息、餐饮娱乐、食品、饮料、旅游信息、汽车、房地产、护肤/化妆品/洗染发用品、电脑类/IT。给予乘客他们需要的信息，势必取得更佳的传播效果。

2.8.3.3　净化荧屏　向低俗广告内容说不

针对前文所述低俗广告的问题，公交车载电视广告的运营商势必需要断臂求生，砍掉不良低俗广告，提升整体美誉度。舍小利，方能得大利。

2.8.3.4　广告时长的适当调整[①]

按照我国城市的道路及人口流动情况，我国城市公交车停靠站点区间距

---

① 王安中：《公交移动电视广告应用策略探微》，《现代广告》2005 年第 5 期

离基本上是在 0.5 - 1.5 公里之间，公交车在市区行驶限速按 40 公里/小时计算，这样我们可以计算出公交车在中途不停车的情况下，从一个站点到另一站点的行驶时间是在 45 秒 - 2 分钟 15 秒之间。在实际情况中，公交车在行驶过程中会遇到红灯停车、避让其他车辆或减速行驶等各种因素的影响，公交车在两站间的实际耗用时间大多是在 3 - 5 分钟之间。这段时间也就是公交车内乘客持续观看（收听）公交移动电视的最长时间（因为在公交车停车上下客时，乘客的挪动会带来收视干扰，车内乘客一般都会暂时中断其收视行为）。在这段时间内，考虑到乘客还会遭遇公交车红灯停车、转弯、特殊情况紧急刹车以及车厢内人群挪动等多种干扰因素，乘客持续观看（收听）公交移动电视的时间实际上更短。于是便形成了乘客"断断续续地"观看（收听）公交移动电视的现实状况。因此，公交移动电视广告的时长不宜过长。而家庭电视广告的时长以 10 秒、15 秒和 30 秒居多，这显然不适用于公交移动电视广告。公交移动电视广告时长的缩减，更有利于提高乘客对广告信息的完整接触率。

2.8.3.5 抓住公交电视的"黄金时段"有的放矢[1]

早、午、晚的上下班时段是公交车乘坐高峰期，意味着这个时段同时也是公交移动电视广告投放的"黄金时段"。早、午、晚三个时段也是人们对工作、生活的状态和节奏进行较大调整的转换期，我们称之为"生活节点"。因此，在早、午、晚三个"黄金时段"投放的公交移动电视广告，其创意也应该考虑到处于"生活节点"期的受众在接受心境上呈现的差异特征，使广告内容能够充分利用时间接近性来满足受众的心理期待。

2.8.3.6 强化广告创意 制作特有的公交电视广告

CCTV 移动传媒节目收视调查结果显示，公交乘客对趣味性强的广告记忆度更高。建设在趣味性、故事性上功夫，如能专门针对公交收视环境拍摄广告短剧、广告连续剧，一定能取得更好的效果。

2.8.3.7 声音优先于画面[2]

公交车的环境动态、喧闹、嘈杂，受众处于一个比较烦躁的环境，很多乘客在高峰期时挤在车内根本没有机会一直关注电视广告，主要的信息获取还是靠听觉。美国学者乔治·E·贝尔济认为："创作电视商业广告的首要目标之一是引起观众的注意，然后再维持这种兴趣"，他还特别强调："电视广告做到引起观众的注意可能特别具有挑战性"，因为"存在着如此多的干扰"。

---

① 王安中：《公交移动电视广告应用策略探微》，《现代广告》2005 年第 5 期
② 杨冬梅：《公交移动电视广告分析》，《科教文汇》2008 年 7 月（下旬刊）

要想排除公交车噪音及烦躁心情的干扰，必须加强对语音的传播，从音调、韵律等方面入手，把广播广告的特点加入到电视广告中来，使受众即使无法收到视觉形象传播时，也能通过声音传播吸引其注意力，加强印象，从而真正实现信息的传递。

2.8.4　部分公交车载电视广告刊例价格

2.8.4.1　世通华纳公交移动电视广告刊例

世通华纳移动电视·2010年全国联播网 1 周广告刊例（2月修订版）						
城市	广告频次（次/日）	全天滚动播出(06:00-23:30)		A段(06:30-10:30;16:00-21:00)		B段(A段之外的时间)	
		30"	15"	30"	15"	30"	15"
青岛	16	277200	138600	443520	221760	221760	110880
广州	16	252000	126000	403200	201600	201600	100800
深圳	16	174720	87360	349440	174720	349440	174720
合肥	16	163300	81650	260820	130400	130410	65200
温州	16	163300	81650	260820	130400	130410	65200
石家庄	16	163300	81650	260820	130410	130410	65205
昆明	16	150650	75350	301300	150700	121072	60536
济南	16	142000	71000	284200	142100	113400	56700
西安	16	142000	71000	284200	142100	113400	56700
哈尔滨	16	142000	71000	284200	142100	113400	56700
南京	16	131000	65500	262000	131000	105280	52640
武汉	16	131000	65500	262000	131000	262000	131000
大连	16	131000	65500	262000	131000	262000	131000
厦门	16	113600	56800	227200	113600	227200	113600
苏州	16	113600	56800	227200	113600	227200	113600
烟台	16	113600	56800	227360	113680	90720	45360
呼和浩特	16	113600	56800	227360	113680	90720	45360
秦皇岛	16	113600	56800	227360	113680	90720	45360
唐山	16	113600	56800	227360	113680	90720	45360
南昌	16	113600	56800	227360	113680	90720	45360
兰州	16	113600	56800	227360	113680	90720	45360
青岛出租车	16	50400	25200	80640	40320	40320	20160
青岛公交+出租	16	302400	151200	483840	241920	241920	120960

广告投播说明：

1、本广告价格表自 2010 年 2 月 1 日执行。

2、广告正一、倒一位置加收 20%，广告正二、倒二位置加收 10%，栏目中插播广告加收 20%。

3、若在 A 段或 B 段中需要指定播出时间，加收 50%。

4、无论投放 A 段或 B 段，还是组合投放，每天最少投放频次不少于表中规定的广告频次 16 次/30 次/15 次，武汉可以每天 10 次。

5、全天滚动播出的总时间范围，将以不同城市的公交开机运行时间为准，播出时间安排原则上 A 段 20%，B 段 80%，改变比例加收 30%–100%。

6、投放天数少于 7 天，加收 20%。深圳、苏州、武汉、大连、厦门加收 40%。

7、受节目影响，无法安排全天均匀滚动播出，漂移许可在 30 分钟内。

8、更详细的城市资源及价格，敬请咨询销售人员。

2.8.4.2 东方明珠公交移动电视广告刊例

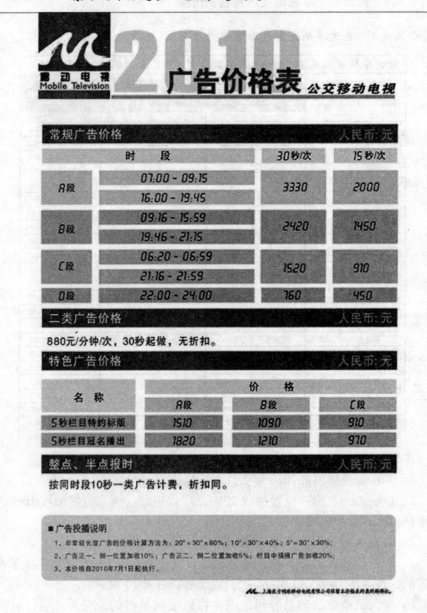

2.9 公交车载电视内容分析

公交移动电视运营商——世通华纳移动电视传媒集团（中国）有限公司董事长鄢礼华曾公开表示，"制作受众喜欢的内容，是移动电视成功的关键。"看来，内容对于公交车载电视的重要性是毋庸置疑的。那么，目前我国公交车载电视的内容现状如何，有着什么样的特色，又有着怎样的问题和发展趋势呢？

2.9.1 公交车载电视内容构成

国内移动电视播出的节目主要包括新闻资讯、生活服务、休闲娱乐三大类。按照内容的具体形式，又分为四个大类，即自制直播类节目、转播类节目、录播类节目（包括自制录播类和录制再包装类）以及合作引进类节目。

2009 年，调查网站问卷星所进行的《关于公交移动电视节目的调查问卷》中显示：公交移动电视中受众最喜欢的节目如下[①]：

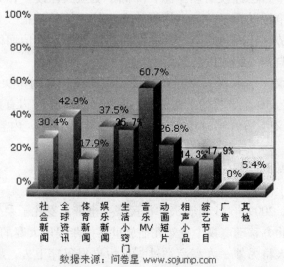

数据来源：问卷星 www.sojump.com

目前，公交车载移动电视的运营商大多按照受众对于内容的需求来进行的内容设置。

例如，根据北广传媒移动电视提供的信息来看，新闻和娱乐信息主要在黄金时段进行播出；公益广告和新书、电影推荐一般会放在娱乐频道里面，

---

① 《关于公交移动电视节目的调查问卷》，问卷星网站 http://www.sojump.com/report/154044.aspx

基本上也是在黄金时段播出。

CCTV移动传媒给自身节目的定位是："一档集新闻资讯、生活服务、文体娱乐于一体的电视节目。"

而东方明珠移动电视在创办之初把节目内容定位为"电视文摘"，随后几经改版，形成了目前囊括70多种节目，"新闻资讯为主、服务互动取胜"的节目特点。

2.9.2 公交车载电视内容存在的问题分析

问题一：原创内容缺乏

目前，在大部分城市，除早晚高峰期的新闻和路况内容外，移动电视的节目大都是电视媒体的内容，真正原创的节目不多。对于媒体运营商来说，简单的内容搬家模式，把传统电视媒体的内容毫无变化地放到公交移动电视上显然不符合公交移动电视的传播特性。同时，根据一般的思维方式，选择其他媒体的优秀节目转播，而这些节目本身就有较高收视率，因此移动电视的受众对这些节目已经没有新鲜感，降低了受众关注度。作为一种媒介新形态，公交移动电视融合了传统电视媒体和户外媒体的特征。它不仅具有传统大众传媒的优势，还因其时空的移动性和独特的受众价值而区别于电视和户外媒体，拥有自身独特的传播优势。

以北广传媒移动电视为例，在其试播初期曾经认为中央电视台15个频道，北京电视台10个频道的丰富资源，将使节目安排游刃有余，但实践证明简单的拿来主义不适合移动电视这一新兴媒体的需求，内容为王也就成了空谈。①

问题二：暴力低俗内容依旧存在

公交电视上的暴力低俗问题由来已久，饱受诟病，但是一直也没有得到根本上的解决。2009年11月，天津市民张女士带4岁儿子乘坐908路公交车外出，车上的北方移动电视中竟然在播放世界摔跤娱乐大赛的节目。"双方在激烈打斗，一人将另外一人高高举过头顶后再狠狠摔下去，那人当时就躺那儿不动了，身上都是汗，画面特别暴力。"孩子吓坏了，张女士只能用双手挡住儿子的眼睛。"平时电视体育频道偶尔也会播放这类的摔跤娱乐节目，但基本都是大人们在收看，要是有孩子在场时也能及时换频道，可在公交车上，乘客也没办法选择，只能被动接受。"张女士认为，在公交车上这类公共场

---

① 王伟：《新媒体大发展 移动电视如何打造内容平台》，《中国记者》2008年第6期

所，最好还是播放一些健康益智的节目。① 另外，部分影片的片花也容易存在暴力、血腥、低俗的内容。而这些内容在封闭的强制收视环境下让人避之不及，非常令人反感。

问题三：技术问题影响收视效果

根据网站问卷星的调查《北京地区公交移动电视受众调查问卷》② 结果显示：画面不流畅、声音不清晰是影响乘客收视的主要原因。另外，特别是大批节目没有打字幕，致使在公交车上嘈杂的收视环境中无法有效收视。另外，声音不是太嘈杂，就是小得完全听不到，对处于车厢不同位置的乘客也难以同时兼顾，这些都导致观众的收视热情逐渐降低。

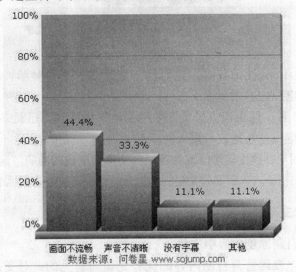

数据来源：问卷星 www.sojump.com

问题四：节目编排不尽合理

节目编排不尽合理的一大表现就是单个节目时间过长，广告播出时间段也相对较长，致使受众在车上无法全面了解移动电视的节目构成和特点，有可能在一定时间段内看到的全是广告，造成有些观众认为移动电视就是在播广告，从而产生逆反心理，影响接受度。

问题五：节目更新速度有待提高

2009 年，调查网站问卷星所进行的《关于公交移动电视节目的调查问卷》中显示：认为公交移动电视节目更新很慢和较慢的被调查者占到了一半以上。③

---

① 高立红：《公交移动电视节目吓坏小孩 乘客是否可以选节目》，《城市快报》2009 年 11 月 12 日第 18 版

② 问卷星网站 http：//www.sojump.com/report/141759.aspx

③ 问卷星网站 http：//www.sojump.com/report/141759.aspx

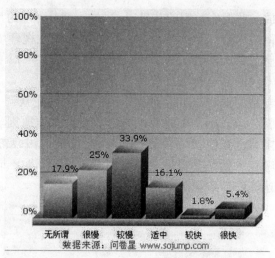

数据来源：问卷星 www.sojump.com

2010 年 3 月，《沈阳日报》进行的一项读者调查也显示：有八成市民认为公交车移动电视内容更新慢。

2010 年 12 月，昆山市市民吴先生向当地媒体反映，已是冬天，但公交 8 路车上的移动电视竟还播放着夏天的"防雨防雷"提醒。

可见，节目更新速度缓慢已成为各地公交移动电视的通病。这显然与媒体追求时效的特性格格不入，需要公交电视的运营商们痛下决心，狠抓节目更新速度。

2.9.3　公交车载电视内容发展趋势

趋势一：自制原创内容唱主角

公交车载电视运营商自制内容的优势是显而易见的，对受众和广告商的吸引力都不是传统照搬节目所能匹敌。越来越多的运营商开始重视自制节目，希望通过自制节目树立自身的品牌，提高知名度和影响力。世通华纳在自制内容方面下的功夫是有目共睹的。

目前，世通华纳有超过 300 人的制作队伍去整合制作移动电视内容。自创立之初，世通华纳就成立了专业的影视中心，节目采编人员具有央视和湖南卫视等重要电视媒体的专业制作背景，擅长制作适合公交受众收视习惯的节目，让公交受众时刻保持新鲜感。

具备节目制作能力，可以让世通华纳为广告主提供专业的从广告投放、创意、策划到监播的一站式服务。在投放计划的同时，不仅只是简单地将广告的投放频次、地区推荐给广告主，而是融入对客户产品的理解与分析，将一整套适用于移动公交电视媒体的投放策略和建议全盘展示。该企业力推的 BCA 地面覆盖管家就是一个有效的广告投放优化工具，这样不仅有效地节省了广告的投放费用，更起到了事半功倍的效果。

趋势二：灵活编排让内容优势最大化

由于路途较短，交通拥堵、乘客上下车频繁，公交移动电视既要根据不同时间段的价值合理设置栏目板块，又要深入挖掘节目编排带来的传播效果。

首先根据不同时段受众特点的不同编排节目。一是平时乘车时间编排。这一时段的特点是乘客流动性大，无规律性，移动电视收视具有很大随机性。此时段很难形成固定的节目播出；另一方面，这一段时间车上乘客相对较少，收视环境相对较好。针对这些特点，采取以每小时固定节目布局的方式，以固定结构在不同时间乘车的受众心中树立固化的媒体形象。第二是上下班高峰的节目编排。该时段受众人群以本地居民为主；乘车时间相对固定；由于道路拥堵，乘车时间相对较长；这些特点决定受众有可能成为移动电视的忠诚受众群。根据这一特点，在早晚两个高峰期，按照传统节目的编排方式，推出一批固定时间播出的电视栏目，这样既可以培养乘客的收视习惯，同时也有助于移动电视的品牌建设。①

再是根据公交不同线路编排不同的节目。有的线路主要经过商业繁华街区，有个主要是居民区、有的主要经过旅游景点，那么他们的乘客也就相应有所不同，对节目的需求会有所区别，在节目编排上也就要体现出差异来。

另外，以城市居民的平均乘车时间为节目编排的基础，以利于乘客在短暂的时间内收看到完整的节目，了解到最新动态。在节目编排上实行周循环错位滚动播出，让在固定时间乘车的乘客每天可收看到不同的节目，在一周之内可以看到移动电视本周播出的绝大部分节目。比如一个节目周一是在9点，周二就会在10点，周三可能十三点，周四可能十五点，一周你的乘车时间是相对规律的，但是你在这一周时间内看到的所有节目都不一样，每天看到的都是新鲜的节目。

趋势三：直播让公交电视更有魅力

直播对于公交电视来说不算是新鲜事物了。在北京，从2006年3月起，只要五环以内发生重大交通事故和突发事件，市民就可以通过公交车上的移动电视，3分钟之内获得最及时的消息。2006年3月21日开始，公交移动电视开始对早晚高峰的路况进行直播，全天直播时间达5小时。2010年3月，北广传媒移动电视在公交电视终端上直播两会开幕式及重要会议议程。2008年奥运会期间，多个城市的公交电视对重要赛事进行了直播。2009年11月，中超联赛第30轮在北京工人体育场打响。作为今年中超联赛的最后一轮比赛，国安能否一尝16年来夙愿，顺利加冕中超冠军，受到市民的广泛关注。为满足大众需求，北京公交移动电视网络对整个比赛过程进行了全程直播，

---

① 王伟：《新媒体大发展 移动电视如何打造内容平台》，《中国记者》2008年第6期

使得许多大众在乘坐公交车途中，第一时间亲眼见证了国安夺冠的激情时刻。

观众对于直播内容的欢迎程度是很高的。但是，截至目前，除了路况、重要体育赛事以及其他重大事件，直播节目仍然是非常态化的。离乘客随时随地接收最新的讯息的需求还有很远的距离。因此，更好地运用无线传输的最新技术，让直播常态化，让公交电视做到像传统电视那样第一时间播报重要新闻将成为公交移动电视下一步努力的方向。

趋势四：本土化内容更加贴合受众心理需求

加大对本土资源的开发和利用。公交移动电视节目作为城市的窗口标志，制作节目时应选用带有地方特色的本地节目。可以播放人们喜闻乐见的本地民间曲艺节目、相声、小品等，向来此地游玩的旅客介绍当地的特色和民间传统。提高城市文化水平，同时也可以向全国推广本地的特色和文化，提高知名度。

趋势五：强化与其他传统媒体及新媒体的互动，增强乘客的参与感

首先是与传统媒体的适当结合。目前，受众已养成了对传统媒体的收视习惯，若移动电视与传统媒体相接轨，共同为受众提供最全面的资讯服务，可以提高公交移动电视的关注度。例如：北广传媒移动电视开设的"市民论坛"节目，就整合了电视、广播、网络三种媒体的优势，实现了多种媒体播出同一节目，发挥了多媒体组合的聚焦效应。①

其次，注重与新媒体的互动融合。移动公交电视目前的一大问题是缺乏互动性，这使媒体本身少了亲和力。有的运营商以经意识到了这个问题，并着手加以改进。例如：2006年4月起，在北京一档名为《一路通》的互动指路节目在公交车上正式开播。乘客只要发短信询问公交换乘、目的地相关信息等问题，就能在车上的电视中看到答案。乘客不仅可问询最快的路线、最省钱的路线以及换乘最少的路线等，还可以得到市区出行路线、公交换乘线路、周边衣食住行等生活信息。2011年3月，北广传媒移动电视针对两会推出互动节目，市民可以利用发送短信、微博的方式参与北广传媒移动电视《移动直通车》"互动版块"的话题互动，与广大乘客分享对热门话题的看法和见解。另外，移动电视媒体可以借助网络，建立专门网站，提供公交电视视频的点播和回放，发布节目单，设立论坛，让受众在这个专门平台上交流和分享在公交车上发生的轶闻趣事。同时，还可以以受众的提示为题材制作专门的小节目来回报受众的参与，提升移动电视的形象和影响力，建立媒体与受众之间的情感联系。

当然，与新旧媒体的互动形式还远远不止这些，还需要我们的运营商开动脑筋，灵活运用。

---

① 翟舒超：《公交移动电视发展新触角》，《今传媒》2009年第10期

2.9.4　部分移动电视公司车载电视内容简况

2.9.4.1　东方明珠移动电视的内容简介：①

现在东方明珠移动电视一天 17 小时 40 分钟的节目中，播出的内容主要包括新闻、休闲、资讯三大类，并嵌入大约 30% 的广告。

有 3 个半小时的节目是直播的实时新闻，包括上视、央视与东方卫视的《上海早晨》、《新闻 60 分》、《午间新闻》，上下午时间准点播出的《东方快报》，以及《新闻报道》、《新闻联播》、《新闻夜线》与《晚间新闻》，共 10 余档。同时，央视与东方卫视对重大新闻事件的直播，移动电视也无一例外地进行并机直播，比如"胡连会""胡宋会"，中国的载人航天飞船升空、美国发现号航天飞机返航、瑞典哥德堡号抵达上海、纪念长征胜利 70 周年活动等。

东方明珠移动电视播出的第二大类节目，是由文广传媒集团各主打栏目专门为移动电视度身定做的精华版。其中有《可凡倾听》、《财富人生》、《今晚喜喇喇》、《今日股市》、《真情实录》、《往事》等。精华版浓缩了节目的精华，还添有许多幕后花絮和新闻，很能吸引移动电视观众的眼球。

东方明珠移动电视播出的第三大类节目是公司的编辑从缤纷繁杂的各大媒体各频道数百个栏目中精心挑选编辑而成的。比如风靡一时的《舞林大会》，编辑为 5 分钟一辑的节目，反复播放，很受欢迎。央视播出的相声集锦，经过用心编辑，保留了最经典的段子。

这三大类节目，互为补充，构筑起了移动电视节目的主体。

上海作为 2010 年世博会的举办城市，在 2009 年，加大了移动电视节目中对于世博相关新闻的整合和播放力度，在每天更新的《新闻晨报》、《新闻早报》、《新闻午报》、《新闻晚报》和每半小时更新的《半点快报》中以世博各方各面的最新情况为重心，同时还将精选了世博新闻串编在《区闻区报》、《世博小知识》、《市民信箱》、《公众信息窗》等多档自编栏目中，力求通过广泛的宣传将"人人参与世博、迎接世博"的概念根植到市民心中。还积极与市政府各职能部门联络，从宣传官方信息的角度出发，实现"宣传世博，服务大局"。如在交通局支持下推出的《城市交通》节目，主要以介绍世博场馆、世博道路建设最新进展；在卫生局支持下推出《每周健康播报》节目则主要为市民提供季节性传染病的预警及健康保健资讯，帮助市民健康迎接世博等等。

除了直播的新闻以外，SMG 提供的节目或由移动电视编辑们自己制作的节目，基本上每档节目的长度都是 5 分钟。

---

① 吴基民：《引领新媒体发展的潮流——东方明珠移动电视运营模式初探与前瞻》，《新闻记者》2007 年第 2 期

2.9.4.2 北广传媒移动电视节目简介：①

北广传媒移动电视内容涵盖新闻类、文娱类、法制类、体育类、专题类、服务类、动画类和短剧多种类别，共31个节目；节目时长为每档5至10分钟，节目播出均匀分布，贯穿全天17小时播出；节目形式采用直播＋录播方式，运用数字信号传送，即时更新。

北广传媒在拥有8兆带宽的基础上提出了"以新闻资讯为主生活服务为辅"的内容组合原则。针对受路程限制，乘客的收视时间有很大不确定性的实际情况，北广传媒移动电视公司为公交乘客量身定做了一整套节目。该节目以一小时为一单元，整档节目总体定位为公益性与实用性相结合。内容大致分为"新闻时事"、"生活资讯"和"休闲娱乐"三个部分。

部分特色栏目如下：

《玩转北京》：

类别：生活服务类

节目时长：5分钟

节目期数：每周1期　周三首播

节目简介：《玩转北京》是根据北京公共交通出行乘客消费特点量身打造的一档休闲类栏目，通过主持人参与其中体验的方式，用生动形象的画面、语言描述"玩"在北京的乐趣与感受，让乘客在乘车出行期间能够了解到北京的一些特色旅游、休闲娱乐的场所，熟悉京城流行的各种聚会、放松的新形式，引导乘客文明活动，理智消费。

---

① 资料来源：北广传媒移动电视官网 http://www.bj-mobiletv.com/vod.php

《食尚》：

类别：生活服务类

节目时长：10 分钟

节目期数：每周 1 期 周一首播

节目简介：京城各地遍布的大小特色餐馆，为《食尚》提供了丰富的节目来源。力图打造一档集美食资讯、餐饮服务、健康饮食为一体的综合性美食类节目。通过短平快的资讯和实用有效的民生新闻，把中国的饮食文化传递给市民，把健康的饮食理念传达给受众。节目包含三个板块：

1、美食大搜索：通过主持人出镜体验的方式，带大家搜索京城好吃、美味、实惠的餐馆，这一板块是热心观众参与度最高的环节，节目会经常邀请不同年龄段、不同阶层的市民参与其中。

2、移动厨房：这一板块是以厨师的现场演示为主要方式，教大家烹制一道营养丰富且简易操作的菜肴。

3、食尚资讯：以图片、关键词和配音的方式，向观众传达养生、健康的饮食资讯和京城餐饮店铺的打折优惠信息等。

《大城小家》：

类别：生活服务类

节目时长：10 分钟

节目期数：每周 1 期 周一首播

节目简介：贴近生活、服务大众。主要针对普通市民在房屋购买、房屋装修、房屋装饰等方面的兴趣与困扰，通过专业解答，为广大出行市民提供时尚、实用、科学的服务信息，节目内容立足于百姓生活。

《悦读时间》：

类别：文化服务类

节目时长：5分钟

节目期数：每周1期　周一首播

节目简介：《悦读时间》是一档读书文化类节目，是移动电视全力打造的第一档图文电视节目。主要针对京城百姓了解图书信息时遇到的困扰，通过专业机构提供的资讯以及专业人士给予的解答，为市民推荐、介绍作者，解读好书等服务信息。

《封面聚焦》：

类别：生活服务类

节目时长：5分钟　节目期数：每周1期

节目简介：网罗时下流行的各类杂志，让大家在上班的途中，欣赏一份视觉大餐。为大家购买杂志提供一个参考。

《乐影磁场》：

类别：文化服务类

节目时长：5分钟

节目期数：每周1期　周一首播

节目简介：立足"服务"的原则，通过短、平、快的实用资讯信息，把娱乐文化传递给市民。具体板块包括：艺人风采、新歌推荐、大片赏析、最新音乐演出信息等。

《一路同行》：

《一路同行》栏目开设了新版块《鹊鸣指路》。大家每天上下班的出行线路、换乘线路都不尽相同，现在我们征集大家的出行线路及换乘方式。公交活地图张鹊鸣会实地走访，看您的换乘方式是不是最佳换乘方式，为您量身涉及最合理出行线路。

2.9.4.3　世通华纳移动电视节目简介①：

世通华纳斥资 5000 万打造专业设备及专业演播室，汇聚中央电视台、湖南卫视、光线传媒专业精英打造片长 5－10 分钟节目，确保乘客能够最高效的接收信息。同时，世通华纳还与各地广电战略合作，采用无线数字信号发射，实时播放当地广电新闻、资讯、娱乐、体育等优秀节目资源。部分特色栏目如下：

《狼卡通》：

节目特点：集趣味、娱乐、时尚一体的卡通类栏目，优秀动漫短片带给受众轻松快乐的心情。

受众群体：喜爱新潮动漫和电玩的年轻人及学生

播出城市：厦门、大连、武汉、深圳、苏州、呼和浩特、昆明、南京、合肥、温州、兰州、烟台、济南、哈尔滨

播出频次：66 次/日（以上 13 个城市每日共计播出）

《电影酷乐吧》：

节目特点：每期一个不同的主题，精选电影精彩花絮，让观众感受完美影像的冲击力。

受众群体：公交车上所有观众

播出城市：厦门、大连、武汉、昆明、南京、苏州、深圳、烟台、呼和浩特、哈尔滨、温州、兰州

播出频次：76 次/日（以上 13 个城市每日共计播出）

---

① 资料来源：世通华纳官网 http://www.towona.com/index.php? pages = tele

《爱在阳光下》：

节目特点：与中国九大公益机构合作的公益节目，展现社会、企业、个人的大爱行为。

受众群体：所有公交收视人群

播出城市：厦门、大连、武汉、苏州、昆明、南京、兰州、深圳、烟台、呼和浩特、哈尔滨

播出频次：60 次/日（以上 11 个城市每日共计播出）

《消费智囊团》：

节目特点：解答消费者购买电子电器类产品的疑问，为他们推荐最佳产品的服务节目。

受众群体：对电子电器类产品有购买、或是潜在购买需求的人群。

播出城市：厦门、大连、武汉、苏州、呼和浩特、昆明、南京、温州、兰州、深圳、烟台、济南、哈尔滨

播出频次：64 次/日（以上 13 个城市每日共计播出）

节目特点：从实际生活出发，以轻松的风格，为您介绍众多健康知识和保健方法。好似私人医生。

受众群体：所有公交收视人群

播出城市：厦门、大连、武汉、深圳、苏州、呼和浩特、昆明、南京、青岛、温州、济南、兰州、烟台

播出城市：87 次/日（以上 13 个城市每日共计播出）

节目特点：各类拳种舞台争霸，盖世英雄尽显英勇豪气，青春舞步，魅力街舞尽在展现。

受众群体：喜爱体育项目的公交受众

播出城市：厦门、大连、武汉、苏州、昆明、南京、石家庄、唐山、西安、深圳、烟台、呼和浩特、哈尔滨

播出频次：68 次/日（以上 13 个城市每日共计播出）

节目特点：权威榜单揭晓最新音乐前线，演艺红星带领观众感受最新音乐潮流。

受众群体：年轻并且追求时尚的公交受众

播出城市：厦门、大连、武汉、深圳、苏州、呼和浩特、昆明、南京、石家庄、唐山、兰州、烟台、哈尔滨

播出频次：83 次/日（以上 13 个城市每日共计播出）

节目特点：打造都市主妇的生活理念，展现多彩的生活方式。

受众群体：不同年龄段　热爱生活的都市女性

播出城市：厦门、大连、武汉、深圳、苏州、呼和浩特、昆明、南京、青岛、温州、济南、兰州、烟台、哈尔滨

播出频次：88 次/日（以上 14 个城市每日共计播出）

节目特点：引领最新的家装风尚，带来最潮流的装饰风格。

受众群体：对装修、装潢有意向的以及潜在意向的消费的人群

播出城市：厦门、大连、深圳、苏州、呼和浩特、昆明、南京、青岛、温州、济南、兰州、武汉、哈尔滨

播出频次：79 次/日（以上 13 个城市每日共计播出）

2.10　公交车载电视发展趋势分析

关于公交车载电视的发展规模，易观国际在其《中国移动电视市场发展研究专题报告 2009》[①] 中预测，2010 年，中国移动电视市场规模将达到 25.15 亿元，2011 年达到 35 亿元，2012 年达到 45 亿元，呈现出较快的增长势头。同时，易观国际还在报告中预测，中国移动电视终端规模也将有较大幅度的增长，到 2010 年，终端数量将达到 25.88 万台，2011 年达到 28.57 万台，2012 年达到 30.14 万台。

关于公交车载电视的发展趋势，众多业内人士提出了自己的看法。其中，世通华纳移动电视全国市场总监陈渡风提出了在业界颇有影响的十大趋势[②]。下面结合陈渡风的十大趋势，以及其他相关研究，对公交车载电视发展进行一点趋势分析。

2.10.1　总体格局——3 + X 的格局仍将延续

未来，具有广电背景的企业仍将局限于本地的区域市场，而华视传媒、世通华纳以及巴士在线与央视合作的 CCTV 移动电视将在全国范围内对终端和广告销售进行更为激烈的争夺。全国扩张的规模效应日益凸现，区域运营商的生存压力越来越大。在大城市移动电视资源瓜分殆尽的情况下，公交电视将进一步向中小城市延伸，进而在全国范围内形成有统有分的传播格局。

同时，资源并购更加活跃。

2009 年 10 月份，华视传媒收购了地铁电视 DMG，世通华纳继 9 月底签

①　易观国际：《中国移动电视市场研究专题报告 2009》，百度文库，http：//wenku. baidu. com/view/fb5aa9d233d4b14e852468d7. html

②　陈渡风：《2010 中国公交移动电视发展十大趋势》，《传媒》2010 年第 4 期

约广州市区垄断资源后，年底又收购了哈尔滨和成都公交电视资源。未来，行业竞争将导致并购活动持续频繁。传媒中国网资深分析师钟澎认为："世通华纳的频频出手是与该公司业绩逆势上扬、跨区广告主需求大幅增加分不开的。为了让移动电视联播网络摆脱臃肿，成为高效的媒体，并得到大客户品牌的更多预算，世通华纳的资源优化之路将一直持续下去"。行业内的优胜劣汰在所难免。一些经营不善、媒体性价比不高、现金流周转不畅的运营商只能选择收缩资源战线，或是待价而沽，不得不接受被收购的命运。但是，这些运营商的并购之路并不盲目，以世通华纳为例，他们认为赢利并产生利润是退出或进入某个城市第一要素，而不能仅仅为了扩充移动电视联播网络而盲目、无序的扩张。

2.10.2　技术——数字信号技术将全面铺开

在国家的大力倡导下，也出于企业自身发展的需要，技术水平将进一步提升。从节目采编、压缩、传输到接收电视节目的全过程都将采用数字信号处理，能够实现节目信号的实时更新，覆盖广泛、反应迅速、移动性强，不必局限于硬盘播放时重复节目的滚动播出，节目内容将更加丰富，受众关注度也将随之进一步提升。

同时，技术研发与运维对于公交电视的发展也发挥着不小的作用。目前，世通华纳自有运维队伍及车载数字电视研发团队，在"公交车载多媒体播放监控系统"、"车载国标数字电视机顶盒"、"公交车载多媒体无线信息发布系统"、"过压欠压保护电路"、"盲点检测自适应电路"、"开机延时电路"、"音量感应自动调节器"等实现了技术创新，能适时找到信号盲点并反馈，确保播出稳定，保证节目与广告的刊播质量。

2.10.3　广告——价值日益提升

近年来，受益于资本开放和数字化技术的广泛应用，公交移动电视运营商在较短时间内完成了在国内的圈地，构建了全国移动电视广告刊播网络。经过最近几年对市场的培育、引导，公交电视广告主认可度明显提升，逐渐纳为企业常规购买计划。随着宏观经济的全面复苏，特别是公交电视本身进入成熟阶段，面临着很好的发展前景。

国家广电总局于2009年9月初发布的《广播电视广告播出管理办法》客观上也给移动电视带来发展契机。广告限播令引发连锁反应，传统电视广告价格将继续上扬，许多卫视表示将至少上涨10%－30%，这可能加速分流广告主，重新组织新的媒体组合。作为传统电视的户外延伸，运作成熟的公交移动电视将是最佳选择。

CTR 市场研究在其研究报告《建立公交移动电视媒体的交易货币》① 中指出：2007 年，公交移动电视广告投放量前五大行业，均较 2006 年同期有快速增长。广告主对公交移动电视的认可完全可以用现实的数据说话。例如：商业及服务性行业广告增长了 108%，娱乐及休闲类广告增长了 118%，药品广告增长了 269%，饮料增长了 121%，化妆品/浴室用品增长 77%。

在其广告价值日益提升的前提下，广告价格有望提高。目前，其广告价格一直维持在一个相对较低的水平，在同样的收视条件下，公交电视投放成本还不到传统电视的 1/10。

另外，植入式广告因其低成本、高效率、润物细无声的特点对广告主有很大的诱惑力。那些具有独立的内容制作能力的运营商，可以根据广告主产品的具体特性与节目内容进行有效结合，植入式广告份额将进一步扩大。

2.10.4 收视率——广泛应用促行业进步

在收视标准推出前，由于不能有效地评估投放效果，广告投放处于试水阶段，这极大的抑制了行业发展。2008 年，移动电视运营商纷纷与权威的市场研究公司合作推出了公交移动电视行业的收视评估标准。世通华纳携手尼尔森，华视传媒和 CCTV 移动传媒与 CTR 市场研究合作分别推出了公交移动电视收视率调查标准，这对国内公交移动电视的发展具有里程碑式的意义。

收视标准的推出，企业主、4A 公司还有媒体主都从中受益。特别是可以让广告主凭收视率的高低来购买广告价位，为精准营销提供了便利。在危机下，企业和 4A 公司对公交电视的频频眷顾，也在客观上说明了投放评估标准获得认可。今后，随着移动电视收视率调查范围、区域的扩大、深入、日益精准，将在整个公交电视行业更加广泛的采用和普及。

2.10.5 品牌建设——向纵深发展

现在国内大大小小盘踞着 100 余家公交移动电视公司，具备全国联网的有三家分别是世通华纳、华视传媒和 CCTV 移动传媒。在如此多的运营商中，广告主如何有效的选择进行投放，是一个很大的难题，而具有相对成熟品牌的运营商在赢得客户时显现出较大的竞争力。

此前，公交电视运营商主要是通过在全国不断进行圈地，扩大规模来拉动广告收入增长，但随着有投资价值的城市日渐稀少以及规模扩大带来的成

---

① 田涛：《建立公交移动电视媒体的交易货币》，CTR 网站 http：//www.ctrchina.cn/ctrup/uploads/2010/pdf/meiti/cn/% E5% BB% BA% E7% AB% 8B% E5% 85% AC% E4% BA% A4% E7% A7% BB% E5% 8A% A8% E7% 94% B5% E8% A7% 86% E5% AA% 92% E4% BD% 93% E7% 9A% 84% E4% BA% A4% E6% 98% 93% E8% B4% A7% E5% B8% 81. pdf

本压力，让很多运营商转而强调对既有资源的价值挖掘与精耕细作。CTR 市场研究的报告也显示，规模效应对公交电视广告收入的拉动力正逐渐走弱。在选择运营商时，广告主将更加重视移动媒体的品牌效应、媒体性比。因此，迈入了成熟阶段后的公交电视的品牌战略应该主要向纵深发展，注重结合不同区域、不同行业、不同规模的客户群，在品牌诉求、传播渠道、传播形式等各个方面进行有针对性的发展，尤其对重点客户要进行深度影响。

2.10.6　运营商——多渠道拓展

目前，公交移动电视资源格局基本确定，在此背景下，运营商想要壮大实力，在竞争中占优，不得不向其他渠道拓展。例如，华视传媒向地铁电视领域拓展，而世通华纳则向社区巴士电视领域拓展。另外，水上巴士、游船等新兴交通工具也渐渐受到运营商的关注。通过在相关渠道的扩展，运营商的整体实力有望进一步提升，从而进一步强化其在本行业的竞争实力。

2.10.7　媒体合作——创建新型赢利模式

公交车载电视除了在内容方面与传统媒体展开积极的合作以外，在广告经营等其他领域，合作关系也将进一步发展。2009 年 9 月 13 日华视传媒宣布，与中央电视台达成战略合作，凡是购买央视招标栏目中的中标企业，可以按优惠价格购买华视传媒的广告资源，购买该资源的刊例额度总计不超过中标价格的 35%，中标客户可购买的华视传媒资源为公交电视和地铁电视。分析人士表示，中央电视台与华视传媒此次达成的战略联盟，充分利用双方资源互补、受众延伸、媒体覆盖更加完整的特点，将掀起传统电视与新媒体运营模式的新的探索和实践，加速媒体间的资源联动与合作。

可见，由于公交移动电视具有与其他媒体互动的特性，通过加强与传统电视、网络、手机、广播、报刊、杂志等媒体的资源互补，有望建立多媒体联合的新型赢利模式。

2.10.8　行业联合——全国移动电视联播网有望建立

2010 年 2 月，由重庆广电移动电视发起，中广协交宣委主办，全国移动电视协作体承办的纪念建国 60 周年"祖国在我心中"——全国移动电视记者大行动全面启动。本次大型活动将展现中国移动电视的媒体优势，以移动电视的表现形式，向建国 60 周年献礼。前期 8 月 20 日至 30 日为本地采访阶段；9 月 6 日至 9 月 11 日为异地采访阶段。该活动对于增进全国移动电视媒体间的了解，为逐步建立全国移动电视联播网、进一步提升移动电视的品牌影响力和美誉度作出了有益的尝试。全国移动电视联播网一旦有机会得以建立，将在资源整合、行业整体品牌塑造方面得到大的提升。

2.11 公交车载电视发展大事记

1992 年 6 月,原广电部通过开展 DAB 重大科研的可行性报告,并与欧盟签订 DAB 项目的合作规划。

1997 年,广东粤广数字多媒体广播有限公司开始 DAB 移动多媒体数字广播试验。

1998 年,中国与欧盟签署协议,共同开发 DMB,1999 年完成 DAB 升级,将 DAB 扩展为 DMB。

2001 年年底,厦门岛内外 7 条线路的 108 部公交车率先通过公交车车载多媒体资讯系统,将电视安在了公交车上。

2002 年 9 月 28 日,上海东方明珠移动多媒体有限公司成立,并于 2003 年 1 月 1 日正式开播移动数字电视节目,受众人口超过 200 多万。

2003 年 1 月,世通华纳成立,全面接手厦门公交体系车载监控电子设备的安装和广告运营,并把这套视频系统命名为"城市 T 频道",当时该系统采用预录系统,不支持实时播放。

2003 年 8 月,北广传媒移动电视有限公司成立。

2003 年 10 月 1 日,长沙移动电视开播,成为继新加坡、上海之后,全球第三、中国第二座可提供移动数字电视服务的城市。

2004 年 4 月,由南京广播电视台、香港易达数字通讯有限公司(BTL)、意大利 DMT 公司共同主办的"数字移动电视技术研讨会"在南京举行,广电总局领导,广东、浙江、上海、四川等 20 多个省市电视台的技术人员逾百人参会。

2004 年 5 月 28 日,北广传媒移动电视有限公司在 1000 辆公交车上的移动数字电视正式开始试播。

2004 年 6 月 8 日,广电总局发布《关于加强地面数字电视试验管理的通知》。

2004 年 6 月 30 日,由河南省广播电影电视局、郑州电视台、河南安彩集团联手打造的郑州移动数字电视举行了隆重的试播仪式。

2004 年 7 月 19 日,南京移动数字电视的公交频道开通。南京成为继上海、长沙、北京、郑州之后全国第五个开通移动数字电视的城市。

2004 年 10 月,国家广电总局批准东方明珠进行 L 波段 DMB 的技术实验,同期上海市无线电管理委员会也批准了 DMB 商业营运的使用频率。

2005 年,上海东方明珠集团在上海地区启动 DAB 试验。

2005 年 4 月，华视传媒成立。从成立之初，华视传媒就确立了与广电合作的路线，在各地与当地广电合作，成立合资公司，当地广电占 51%，华视传媒占 49%。广电担任合资公司董事长，负责节目内容和播出，并且拥有一票否决权；华视传媒派出总经理，负责经营。所播出的内容主要由当地电视台提供。

2006 年 3 月 21 日起，北京公交车和出租车上的移动电视开始对早晚高峰的路况进行直播，全天直播时间达 5 小时。

2006 年 3 月 27 日，广电总局发布《关于加强移动数字电视试验管理有关问题的通知》。

2006 年 4 月 26 日，广电总局发布《关于规范移动数字多媒体广播技术试验的通知》。

2006 年 4 月，一位青岛市民认为每天乘车都看到公交车上的电视广告属于强迫宣传，侵犯了自己的权利，并为此将公交集团告上法庭，象征性索赔一元。这可以算作是公交电视第一案。

2006 年 4 月 24 日，北京移动电视推出一档名为《一路通》的电视互动指路的问询直播节目，公交电视单向传播模式向双向互动再迈一步。

2006 年 4 月，机构投资者 Och-Ziff（OZ）注资华视传媒 1425 万美元，高盛和麦顿投资则于 2007 年 3 月又投资了华视传媒 4000 万美元。

2006 年 5 月 18 日，广电总局发布《30MHz－3000MHz 地面数字音频广播系统技术规范》（GY/T 214－2006）行业标准。该标准适用于在 30MHz－3000MHz 频段内，向移动、便携和固定接收机传送高质量数字音频节目和数据业务。

2006 年 8 月 18 日，具有自主知识产权的中国数字电视地面传输标准《数字电视地面广播传输系统帧结构、信道编码和调制标准》（GB 20600－2006）出台，将于 2007 年 8 月 1 日正式实施。

2006 年 9 月 6 日，北京人民广播电台 DAB 移动多媒体广播正式启动。自即日起，北京六环路以内地区将实现 DAB 移动多媒体信号的全面覆盖。

2006 年 10 月 24 日，国家广播电影电视总局发出《广电总局关于发布＜移动多媒体广播第 1 部分：广播信道帧结构、信道编码和调制＞一项广播电影电视行业标准的通知》，批准 CMMB 为广播电影电视行业标准，从当年 11 月 1 日起实施。

2006 年 10 月底，北京公交集团宣布将利用移动电视这一载体，与乘客之间开展互动，包括对司售人员的服务进行评价等。

2007 年，在国际资本的协助之下，华视传媒等开始了其在国内的大规模扩张，一方面在各地抢夺独家代理权，另一方面，铺设了大量终端。

2007 年年底，华视传媒在美国 NASDAQ 上市，融资 1.08 亿美元。

2007 年 12 月 18 日，"CCTV 移动传媒开播仪式"在央视国际网络举行。届时，央视国际网络正式开通 CCTV - 移动传媒业务。央视国际网络将在全国范围内开展基于公共交通工具的移动电视（传媒）业务。开播之初，CCTV - 移动传媒业务覆盖北京、上海、广州、深圳在内的 28 个大中城市，已经签约 5 万辆公交车，安装 10 万个显示屏、300 个公交基站。

2008 年 2 月，世通华纳完成三轮融资共获 9500 万美元投资。

2008 年 3 月，触动传媒获得由台湾联华电子牵头的超过 1 亿元人民币的风险投资。

2008 年 5 月，CTR 市场研究携手 CCTV 移动传媒和华视传媒启动中国首个公交移动媒体手中测量指标体系调研。

2008 年 8 月，华视传媒 NASDAQ 增发获得资金 1.012 亿美元。

2008 年 12 月，世通华纳携手尼尔森建立公交移动电视效果评估体系。

2009 年 1 月，世通华纳青岛公司成立 VIP 会员俱乐部。

2009 年 1 月，华视传媒宣布进军杭州。从 2009 年 2 月 1 日至 2009 年 12 月 31 日，华视传媒将在 Hangzhou New & Mobile Media 公司运营的移动电视网络覆盖的公交车和轮船上，拥有每天播放一定时间移动电视广告的独家权利。

2009 年 2 月，华视传媒宣布获得天津移动数字电视广告销售独家授权。该授权于当年 2 月 15 日开始生效。允许华视传媒在天津电视台每天向公交车提供的 17 小时节目中，面向全国广告主销售最少 114 分钟的广告时段。

2009 年 3 月，CCTV 移动传媒携手 CTR 全面推进 4A 广告公司免费安装和试用公交移动媒体收视数据系统——QlikView。

2009 年 3 月，上海禁止公交车播放有声广告。在此政策公布后，运营商需要完善移动电视的字幕系统。

2009 年 3 月，世通华纳在人民网发稿《垄断区域中心城市》，将战略重心放在省会城市和计划单列市等区域中心城市。

2009 年 5 月，世通华纳推出户外视频媒体投放优化工具 BCA。

2009 年 6 月，华视传媒与人大启动"新媒体价值评估体系"。

2009 年 6 月，巴士在线 CEO 质押股权贷款。

2009 年 6 月，世通华纳新获 PE 融资。

2009 年 6 月，华视传媒与 CCTV 移动传媒以及媒体研究机构 CTR（央视市场研究）共同启动"公交移动电视受众与环境研究"项目。

2009 年 7 月，华视传媒酝酿并购世通华纳。

2009 年 10 月，华视传媒对外宣布与厦门广播电视数字传媒集团签署独家代理协议。根据协议，华视传媒获得厦门移动电视全国性广告独家代理权。

2009 年 12 月，世通华纳签约哈尔滨、成都公交电视。

2010 年 9 月，华视传媒与央视广告经营管理中心签署战略合作备忘录，双方将进行线上线下的全面合作，合力开创媒体运营新模式。

2010 年 12 月，华视传媒与分众传媒宣布双方已签署股权购买协议，分众传媒以每股 3.979 美元的价格，认购华视传媒新发行的 1533 万股普通股，认购总价约为 6100 万美元。

2.12 国内公交车载电视运营商简介

2.12.1 世通华纳[①]

世通华纳传媒控股有限公司（以下简称世通华纳）是目前中国最大的公交移动电视传媒集团，其运营模式主要是以公交车为载体，通过与各地广电部门、公交运营机构和其他公交移动电视代理机构的合作，构建中国城市的新型视听媒体——数字移动电视，从而大大延伸电视媒体在时间和空间上对受众的覆盖范围，拓展了电视媒体的社会及经济利益空间。

2003 年 1 月，世通华纳在厦门正式成立。自 2006 年起，世通华纳得到了多家国际著名投资机构的注资。

2006 年 4 月，世通华纳总部正式移师北京，下设营销中心、人力行政中心、财务中心、影视中心和运维中心等核心部门，成为业内少有的具有完整意义的传媒公司。2008 年 7 月，世通华纳引入国际传媒专家、著名华人企业家张镇中先生出任集团董事长兼 CEO，推动企业实施更明确的发展战略，构建新型企业组织架构和运行模式。目前，世通华纳在全国拥有多家子公司和办事处。

世通华纳依托与全国广电系统的权威合作和全球领先的广播数字传输技术，打造了稳定、严谨、高效的节目和广告播出平台，将行业内广泛存在的黑屏、死机、音画不同步等技术故障严格控制在 2% 以内，实现了对全国主流城市的无缝隙全城覆盖和全程覆盖，从而最大限度避免了传播过程中的信息损耗；保证了受众行进途中的收视效果；保障了广告主对于传播收视率的极致追求。

世通华纳开创了"全效传播"的全新广告理论，依托移动电视媒体封闭性、垄断性、重复性、强迫性的收视特点；移动电视庞大的受众群体——有近 75% 的市民依赖公共交通；受众较长的无聊时间——平均达到近 25 分钟的

---

① 资料来源：世通华纳官网 http：//www.towona.com/

乘车观看时间；较低千人成本——约传统电视的十分之一等移动电视优势，赢得了国际、国内外众多知名品牌企业的广泛认可。

时至今日，世通华纳携手中国各省市广电集团及公交集团，建立了紧密、长期、稳定的战略合作伙伴关系，不断完善中国移动电视广告发布的整体网络，其打造的移动电视全国广告联播网业已覆盖中国 35 主流城市，8 万余辆公交车，约 13 万台左右的电视收视终端，影响中国亿万城市居民，形成了规模庞大的移动电视网络。

2.13.2　华视传媒①

华视传媒（NASDAQ：VISN）成立于 2005 年 4 月，拥有中国乃至全球最大的公交地铁全覆盖的户外数字移动电视广告联播网。联播网采用数字移动电视技术，以户外受众最集中的公交车、地铁和轻轨为首期终端平台。通过与各地电视台合作，结合户外受众的资讯需求，提供即时的新闻、资讯、信息、娱乐、体育等丰富精彩的电视节目，同时实现全国范围的广告联播。2007 年 12 月 6 日，华视传媒成立 2 年半之际，在美国纳斯达克上市（NASDAQ：VISN）。2009 年 10 月 15 日，华视传媒收购地铁电视广告运营商数码媒体集团。

华视传媒目前拥有 29 个公交数字移动电视联播网城市和 8 个地铁电视联播网城市。覆盖 83,000 辆公交车，35 条地铁线路。拥有 141,000 个公交数字移动电视终端和 51,000 个地铁电视终端。覆盖中国无线发射技术播放终端数占比 76.8%，占已开通地铁电视终端数 100%，并延伸至香港地区。影响中国主流消费城市 4 亿人次。

2010 年 10 月 28 日，华视传媒发布了截至 2010 年 9 月 30 日未经审计的 2010 年第三季度的财务报告。报告显示，华视传媒第三季度总营收为 3790 万美元，较 2009 年第三季度的 3080 万美元同比增长 23.2%，较 2010 年第二季度的 3180 万美元环比增长 19.3%，不按照美国通用会计准则计算，华视传媒第三季度净利润为 110 万美元，超过预期指引。

2.13.3　CCTV 移动电视

中央电视台移动传媒（简称：CCTV 移动传媒）有限公司是中华人民共和国国家广播电影电视总局唯一授权以"CCTV 移动传媒"为播出名称，在全国范围内为公共视听载体提供节目集成、播控和传输服务的机构。公司由央视国际网络有限公司与巴士在线传媒有限公司共同出资成立。

---

① 资料来源：华视传媒官网 http：//www. visionchina. tv/index. html

"CCTV 移动传媒 – 公交频道"是 CCTV 移动传媒和巴士在线传媒有限公司合作针对城市公交车辆开办的车载电视系统。目前 CCTV 移动传媒拥有覆盖全国的公交电视传播网络,公交电视终端总量已达 70,000 个,在全国 30 多个大中城市,1200 条公交线路,47000 余辆公交车上,每天为超过 5000 万群众提供贴近生活的电视视听节目。

2.13.4　北广传媒移动电视[①]

北京北广传媒移动电视有限公司(以下简称:北广传媒移动电视)成立于 2003 年 8 月 14 日,由北京北广传媒投资发展中心、北京电视产业发展集团、北京歌华传播中心有限公司、北京广播公司、北京歌华有线电视网络股份有限公司五方共同出资组建,注册资本金为 1 亿元,是经国家广电总局批准的北京市唯一一家运营地面移动数字电视的机构,呼号为:北京移动电视。2004 年 5 月 28 日,北京移动电视正式试验播出。

北广传媒移动电视利用北京 DS – 48 单频网发射无线数字信号、实现地面数字设备实时接收电视节目。目前,已在中央电视塔、京广中心、名人广场、491 发射台,建设了一主三辅 4 个数字发射机站,并完成了多部信号直放站的建设,搭建了全面覆盖北京六环以内地区的地面数字电视单频网。信号覆盖边缘:北起昌平东关,西到门头沟,南到大兴大辛庄道口,东到燕郊,覆盖面积超过 6000 平方公里。其中重点覆盖地区如北京城区二环、三环、四环、长安街、平安大道、两广大街等城区主要路段整体接收状况良好,图像流畅。

在北广传媒集团的统一协调下,北广传媒移动电视依托地面数字电视单频网,成功搭建了公交电视、出租电视、社会车辆电视等业务平台。截止 2008 年 12 月 31 日,公交电视终端总量已达 24,000 个,全部业务平台终端接收设备总量达 35,000 个,日受众超过 1,300 万人次。

终端及受众	终端		受众
	车辆	显示屏	(人/天)
公交车移动电视	12,000	24,000	12,972,000
出租车移动电视	5,000	5,000	115,000
社会车辆移动电视	2,000	2,000	4,000
其他		4,000	8,000
总计	19,000	35,000	13,099,000

其广告总代理为华视传媒集团有限公司。

---

① 资料来源:北广传媒移动电视官网 www.bj-mobiletv.com

2.13.5 东方明珠移动电视①

上海东方明珠移动电视有限公司是由上海文化广播影视集团、上海东方明珠（集团）股份有限公司、上海文广新闻传媒集团、上海东方明珠传输有限公司、上海市广播科学研究所和澳大利亚七网络等共同组建的新媒体公司。

2003 年 1 月 1 日正式开播以来，东方明珠移动电视突出"新媒体、快媒体"的媒体特色，节目内容上秉承"新闻资讯为主，关注民生为本"的理念，每天早晚间连续 17 个小时 40 分钟不间断播出，新闻资讯类节目每小时刷新，全天 12 次整点新闻直播、17 次半点资讯快报、4 次/天股市行情点评，53 档节目格式化播出，100 多个"短、频、新、快"特色栏目涵盖了国内外财经、民生、体育、娱乐等各类资讯。

2002 年上半年，上海东方明珠（集团）股份有限公司正式实施移动电视项目，利用独家经营的上海地区广播电视信号传输业务，与母公司上海文化广播影视集团共同开发数字移动电视接收项目，在各类移动载体上实施数字电视地面传播。2002 年 9 月 28 日，东方明珠联合上海广播电影电视集团、上海电视台、上海广播科学研究所等共同发起组建了上海东方明珠移动多媒体有限公司，注册资本 5000 万元，东方明珠及其子公司控股 65%。2003 年 1 月 1 日，经国家广电总局批准，上海东方明珠移动电视成为国内第一家率先试行、开发、普及移动电视的媒体。目前，上海采用欧洲 DVB-T 标准的数字移动电视已经运营了一年多，其主发射站采用进口发射机，由 NEC 提供；基站采用国产发射机，由上海市广播科学研究所研制；机顶盒则主要使用新加坡和台湾的产品，电视液晶显示屏等部件采用海尔产品。

东方明珠发展移动数字电视的一大优势就是商业模式简洁清晰，成本控制有力。东方明珠移动数字电视的收入来源是广告，成本费用主要是设备投入和公交车租赁费。公司内部由节目部、广告中心、技术部、行政部、财务部 5 个部门组成。借力于母公司旗下上海电视台的帮助，东方明珠能够低成本地使用上视 11 个专业频道的内容并进行改变，形成短小精悍的新闻、综艺、娱乐、生活信息、教育等栏目，使其适合移动状态下的人群收看。除公交车外，还将继续向着出租车、商务车、轻轨、地铁、轮渡、机场及各类人流聚集区扩大平台数量和类型，东方明珠还计划向上海之外的大城市扩张。

截至 2008 年 7 月 31 日，有 20,000 个公交车收视终端，近 400 条公交线路，100% 实现了上海中心城区和 19 个商圈的全覆盖，月均受众人次达到 2.66 亿。

---

① 资料来源：东方明珠移动电视官网 http：//www. mmtv. com. cn/2007opgm/default. html

东方明珠移动电视日均受众 889 万人次，大专以上学历占 33.6%，受众家庭平均受众 4475 元/月，白领上班族群比例高达 75.8%，平均年龄 37 岁，本科以上学历占到 14.9%，学生群达 13.5%。

东方明珠移动电视采用当今世界最先进的数字电视单频网技术（DTTB：Digital Television Terrestrial Broadcasting）。无线数字信号发射、地面接收、支持移动或定点接收，信号稳定、图像清晰，节目内容能都实现实时传播，在上海市区，信号覆盖率达到 95% 以上，有效接收率达 97%。

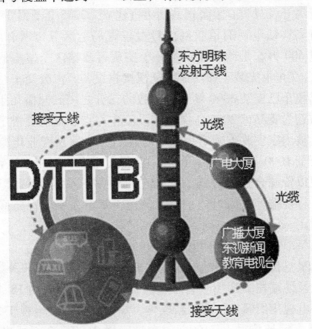

2.13.6 其他城市公交移动电视简况①

重庆广电移动电视公司：

重庆广电移动电视公司成立于 2004 年 12 月 13 日，2005 年 6 月 18 日正式开播，并被列入重庆市当年八大"民心工程"之一。

目前，重庆广电移动电视已在主城区推广安装 155 条公交线路近 4,000 辆公交车、300 辆出租车、22 辆机场巴士、长江索道、嘉陵江索道、轮渡、码头和市公安交管局各办证大厅安装接收终端近 6,000 个，日均受众达 600 万人次，覆盖重庆主城 260 平方公里。成为重庆市委、市政府"公共信息发布平台"、"城市管理应急平台"和百姓生活的"资讯服务平台"，全国前列、重庆最大户外电视媒体，全国移动电视协作体副会长及常务理事单位。运营几年来，公司

---

① 资料来源：中广协交宣委移动电视分会网站 http://www.bj-mobiletv.com/fenhui.php

先后获得了"重庆市宣传系统文明单位"荣誉称号、2008 中国（户外）新媒体年度十大品牌、2009 中国百强户外媒体（区域性主流企业）等多项殊荣。

从早晨 7 点到凌晨 2 点，重庆广电移动电视全天播出 19 小时，在现有集成类、直播类、社会联办类节目的基础上，还自办了《好运通看路况》、《与你同行》、《移动看新闻》、《城市动脉》、《好歌伴你行》等特色节目。

青岛广电移动数字电视有限公司：

青岛广电移动数字电视有限公司于 2005 年 3 月 5 日正式成立，由青岛广播电视局和青岛开发投资有限公司共同出资建立。2005 年 5 月 18 日，正式开播。目前，青岛移动电视的单频网信号覆盖青岛七区五市所有的行政区域，覆盖人口超过 600 万，是同行业中第一个实现行政辖区全覆盖的城市。目前已在 2000 辆公交车上安装了移动数字电视接收设备，占公交车总数的一半以上；青岛市出租车已安装 3000 辆，占总数的三分之一。开播几年来，青岛移动电视相继被选为青岛市 2006 年文化建设工作亮点、奥帆委指定户外电视宣传合作伙伴；被国家发改委确定为数字电视研究开发及产业化专项项目获得了重大专项资金 1000 万的支持。目前，在公交平台、出租车平台的基础上，青岛移动电视以资源合作的方式，分别在户外 LED 大屏、私家车、商务车、手机电视、手持终端等方面组建了经营公司，基本完成了青岛移动数字电视的产业链建设。

四川广电星空长虹数字移动电视：

四川广电星空长虹数字移动电视是"四川省最大的电视户外媒体"，目前移动电视信号及终端覆盖四川全省，重点覆盖成都市和省内 18 个二级城市。作为四川广播电视集团倾力打造的新媒体，星空长虹移动电视于 2006 年 9 月 29 日正式开播，每天从早上 7:00——次日凌晨 2:00，全天播出 19 个小时，内容涵盖新闻、娱乐、体育、资讯等多方面，可谓精彩纷呈。四川广电星空长虹 数字移动电视作为传统电视的延伸，弥补传统电视媒体在户外信息传递的不足，方便人们随时随地看电视。它采用我国自主的 DTTB 地面数字电视国家标准，在成都通过西部第一高度的四川广播电视塔发射信号，与遍布全省的发射站点同频播出，构建覆盖全省的数字移动电视覆盖网，支持车载移动、便携终端和地面固定接收，信号稳定，图像清晰。

新动传播—杭州移动电视：

杭州广电公交移动多媒体有限公司（新动传播—杭州移动电视）由杭州文化广播电视集团、杭州市公共交通集团有限公司两家法人股东投资组建。2005 年 5 月 17 日正式开播和运作。

截至目前，公司已在 3400 多辆公交车、100 艘西湖游船（水上巴士）上安装了移动电视接收终端，并对部分公众楼宇和公务用车进行了尝试。公交车安装率超过70%，完好率在95%以上，位居全国前列。

杭州移动电视每天播出节目18小时（从早晨6：00—深夜12：00），内容包括短小精悍的新闻、综艺、体育、生活信息等，形成了每5~10分钟播出一档节目和广告的水平。其中，自办栏目10档，每天自办栏目播出时间为6小时（含重播）。

深圳移动视讯有限公司：

深圳市移动视讯有限公司成立于2004年11月3日，由深圳广播电影电视集团、深圳市天威视讯股份有限公司和深圳市高清数字电视产业投资有限公司投资组建。

公司致力于建设深圳户外移动电视。2007年，成功建设覆盖效果良好的无线数字电视单频网技术平台。基于该网络技术平台，开发拓展出各类移动电视终端，包括公交移动电视、地铁移动电视、楼宇移动电视、商业中心电视街和户外LED大屏以及其他各类移动电视终端，截至2008年年底，公司拥有各类户外移动电视终端数为15000个。

节目播出平台分播出四套节目，自制自办栏目逐渐增加，节目内容日趋成熟，丰富而贴合受众；每日播出18小时，媒体影响力逐渐扩大和深入，已成为深圳最贴近百姓的媒体之一。

南京广电移动电视发展有限公司：

南京广电移动电视发展有限公司成立于2004年10月，是由南京广电集团等单位发起创建的移动电视数字新媒体，在全国同行中最早拥有了地铁、公交、出租汽车三位一体整合运营平台。自2006年起，公司的年经营收入均稳定在3000万元左右。

目前，公司已在地铁视讯平台装屏1200块，在公交视讯平台装屏2000余块，出租车等也有近千个终端。每日播出长达17个小时的节目，涵盖新闻、娱乐、互动等多种形式；并以"贴近百姓生活"为准则，不断创新内容和形式，满足人民群众文化娱乐的需求。

安徽广电移动电视有限责任公司：

安徽广电移动电视有限责任公司是由安徽电视台联合安徽广播电视传输发射总台、合肥有线电视宽带网络公司共同出资组建，公司于2004年9月29日正式注册成立。公司全权负责安徽移动电视的投资、设计、建设和运营。

2004年11月8日，移动电视开始发射试验信号，同时，针对公交平台的试验也正式开展。2005年5月25日，安徽移动电视正式开播。

截至目前，安徽广电移动电视有限责任公司共与合肥公交集团、合肥白马巴士有限公司、合肥星辰巴士有限公司签署了合作合同。目前已在71条公交线路，共计1800台公交车安装了移动电视接收终端。另外，公司还在机场、火车站、汽车站、银行、商场等 200 余个固定场所处安装了移动电视接收终端，每天覆盖受众 300 万人次。

山西大众移动电视有限公司：

山西大众移动电视有限公司成立于 2005 年 4 月，注册资金 1000 万元，是经国家广电总局批准，由山西广播电视无线管理中心、太原市广播电视总台共同出资组建的公众传媒公司。山西大众移动电视有限公司是山西省内唯一一家专业从事移动数字电视节目制作、信号传输及节目播出的全新媒体，致力于移动电视播出平台的运营及终端网络建设，提供具有前瞻性和竞争优势的移动电视产品、技术与服务，业务领域涉及公交车、出租车、私家车、楼宇电视、社区电视、农村用户等，覆盖人群 300 余万。

迄今，该公司已在太原市 100 条线路的 1800 辆公交车上安装移动电视 1940 台；在太原市政府机关、酒店及各种公共场所安装楼宇电视 1000 余台，每天受众 130 余万人次。

江西电视台移动电视：

江西电视台移动电视是江西唯一开展数字移动电视业务的大众传媒，主要从事地面数字电视系统的集成与传输、电视节目的制作与播出、电视广告制作与发布以及数字视音频增值服务等，是一个具有广阔发展前景的全新户外电视媒体。

江西电视台移动电视自 2005 年 2 月 1 日开播以来，实现了在南昌市区 70 公里范围内的无线覆盖。目前已经在南昌市 40 多条公交线路上的 800 多辆公交车、200 多辆商务车、私家车及机关楼宇、医院、车站、商场超市、银行、酒店等公共场所，安装了 2000 多个终端电视接收屏。每天吸引 200 万人次的关注。

天津北方移动传媒有限公司：

天津北方移动传媒有限公司是天津广播电视电影集团的全资股份公司，正式成立于 2005 年 1 月，由天津广播电视电影集团、天津电视台、天津人民广播电台共同出资创建。公司的宗旨是依靠先进的无线数字技术，开展地面数字电视新媒体业务，媒体依托市委宣传部、天津广电集团作后盾。大力宣传天津市经济社会发展成就，丰富广大市民的文化生活。

天津北方移动电视的发展领域涵盖了移动载体和固定载体，实现了无线数字发射、地面接收的方法进行电视节目传播。利用天津广播电视塔的高空优势，采用 3.3 千瓦的发射功率和 DMB-TH 国家标准，进行无线数字信号发射，信号覆盖到天津市区及周边地区，辐射半径为 70 公里。目前，已开展了移动公交电视业务，在近 200 条公交线路上安装了 3000 多个移动收视终端，同时在百辆私家车上安装了移动电视接收终端，成为有效受众规模达到每日 300 万人次的天津强势媒体之一，拥有庞大的受众群体和较大的社会影响力。

云南无线数字电视文化传媒有限公司：

云南无线数字电视文化传媒有限公司（简称云数传媒）是云南电视台投资成立的文化产业实体，主要从事无线数字电视双向网络建设经营、新媒体平台建设经营、电视节目制作经营等业务。

云数传媒2005年11月注册成立，2006年1月正式开始运营。

2005年5月，与昆明公交集团合作开办"七彩公交"频道，目前已拥有1782辆公交车2303个移动电视显示屏，受到各界好评。

2006年，与老挝国家电视台、老挝科技发展有限公司共同出资成立老挝数字电视有限公司，并首先在万象地区开展无线数字电视业务。

2008年9月，"七彩都市"频道正式开播，目前已拥有350栋楼宇510个移动电视显示屏。

黑龙江龙视数字移动传媒有限公司：

黑龙江龙视数字移动传媒有限责任公司由黑龙江电视台投资三千万元于2005年7月成立，并于2005年7月28日播出移动电视节目。

黑龙江电视台移动电视节目覆盖哈尔滨市81线路的3000辆公交车，占哈尔滨市公交车总量的四分之三，日客流量超过200万人次。

黑龙江电视台移动电视节目播出时间从早晨5点到晚间23点，18小时不间断播出新闻、资讯、生活、娱乐类节目。

黑龙江电视台移动电视节目集新闻性、服务性、娱乐性为一体，秉承贴近大众，服务社会的理念，将丰富多彩的电视节目和多媒体信息实时传送到广大移动人群中，让受众在第一时间了解到最前沿、最新鲜的资讯信息。

黑龙江龙视数字移动传媒有限责任公司在加快公交服务频道建设的同时，还大力发展楼宇电视，覆盖哈尔滨市商场、车站、医院、银行等大型公共场所，并加快覆盖城市出租车以及私人车辆等交通工具。

陕西广电移动电视有限公司：

陕西广电移动电视有限公司是由陕西省广电局和陕西省工商局批准，陕西电视台控股的国有股份制数字移动电视公司，主要业务涉及：

1、陕西电视台数字移动频道的节目制作。

2、陕西省范围内数字移动电视和数字多媒体业务的技术开发、信号发射覆盖。

3、数字移动电视及数字多媒体接收设备（如车载数字电视接收机顶盒、usb电脑数字电视接收设备、手持数字电视接收设备如电视手机）的开发及销售。

4、相关的广告业务服务及活动策划。

长沙广电数字移动传媒有限公司：

长沙广电数字移动传媒有限公司注册成立于 2003 年 6 月，注册资本 2500 万元人民币，是一家由长沙广播电视集团控股的合资公司。公司整合了网络资源、节目资源、技术资源等多方优势资源，是集新闻、娱乐信息资讯服务为一体的无线媒体平台，并拥有一支懂管理、懂技术、懂节目、懂营销的优秀团队。

公司下属的长沙移动电视是全国第二、全球第三家移动电视运营机构。目前，基于多种标准，已建成有多张无线网络，信号覆盖长沙市区域。自 2003 年 10 月 1 日开播以来，在长沙市区 1000 多台公交车、1000 多台出租车和数千台私家车、商务车安装了车载移动电视。

目前，长沙移动电视不断致力于数字电视技术的多元化运用，向移动载体和手持终端用户提供多媒体服务，开发以广播电视网、通讯网、互联网三网融合为基础的双向多媒体业务是公司未来发展的主攻方向。

甘肃广电数字移动电视传媒有限责任公司：

2005 年 5 月，甘肃广电数字移动电视传媒有限责任公司正式注册成立，甘肃数字移动电视正式依法进入了市场。目前甘肃数字移动电视的广告由厦门世通华纳文化传播有限公司代理独家代理。目前甘肃数字移动电视拥有 34 条公交线路的 1000 多辆公交车终端接收设备，同时还有户外大屏、小轿车、出租车、楼宇电视 300 多用户，信号输入省广播电视数字有线网。甘肃数字移动电视每天播出 18 个小时，即 5:55 至 24:00。节目内容以"新闻＋娱乐＋资讯"为主。其中：转播新闻节目四档、自办节目十档、外购节目六档、全天共播出三十档节目。每天无线、有线收视人群达 200 多万人次。

广州珠江移动多媒体信息有限公司：

广州珠江移动多媒体信息有限公司是广州市电视台为建设和运营广州的无线数字电视而专门组建，于 2006 年 5 月正式注册成立。公司致力于移动数字电视发射传输网络、播出系统、节目制作、运营业务等建设。至今，移动数字电视发射传输网络已覆盖广州中心城区达 95% 以上，精心打造的"广州移动数字电视公共信息化平台"被正式纳入广州市政府信息公开体系，其接收终端覆盖广州市公交车屏数超过 12000 个、出租车屏数超过 11000 个。"城市电视"、"公交电视"面向市民全天候播出。

成都移动数字电视：

成都移动数字电视（成都华视数字移动电视有限公司）是成都电视台、华视传媒联袂打造的以无线信号传输的形式向所有接收终端输送信号的全新移动媒体。

成都移动数字电视现已开通以公共交通乘客为主要受众的公交频道，每日播出十六小时。已安装两千余辆公交车和轿车。公交频道每日受众超过二百万人次，已成为成都最大的、可监测的、最高效的户外大众电视媒体。

大连移动数字电视有限公司：

大连移动数字电视有限公司由大连广电传媒服务中心和深圳华视数字移动电视有限公司共同投资组建，公司注册成立时间为 2006 年 2 月 20 日。

大连移动电视拥有以城市公交车、私家车、商务车、固定区域等各类终端平台 2400 余个，网络覆盖大连市内四区、开发区、金州区等周边地区，日受众达到 200 万人次。

大连移动电视以直播、串播、自制等多种方式精心编排节目，用最小的制作成本获取最大的宣传社会效益，自办了《新闻随身听》、《车上生活》、《唱片经典》等品牌栏目，2008 年推出全天候新闻直播，突出了即时、互动、服务、低成本、直播化的新媒体特色。

宁波广电华视移动数字电视有限公司：

宁波广电华视移动数字电视有限公司成立于 2007 年 4 月，是根据国家广电总局开展移动数字电视试验成立的专业运营公司，由宁波广播电视集团和华视数字电视有限公司共同投资组建，是宁波市唯一一家经国家广电总局批准在公交车、出租车、长途车等公共交通工具上开展移动数字电视业务的经营主体，是集电视节目制作、播出为一体的移动电视媒体。

宁波移动电视目前已在宁波市内 1500 辆公交车上安装了 2200 台户外数字电视接收终端，每天为宁波市民提供时间长达 16 小时的新闻、资讯、信息、娱乐、体育等电视节目。每天收视受众过百万人次，成为党和政府政策宣传、发布的又一重要途径，同时也是城市应急系统的重要组成部分。

温州数字移动电视有限公司：

2007 年 9 月，温州市广播电视总台、温州公交集团共同出资组建温州数字移动电视有限公司（温州移动电视）。2007 年 10 月 29 日公司开始试播和运作。

目前，移动电视信号已经覆盖温州鹿城、龙湾、瓯海三区及近郊。截至 2009 年 3 月，温州移动电视先后在公交车、出租车、户外等平台装载了 1600 套接收终端。

温州移动电视每天节目播出 16 小时，节目涉及新闻资讯、休闲娱乐等方面。节目编排以一小时为一单元，以整点新闻直播开始，中间穿插休闲、娱乐、城市服务类节目，以 MTV 作为每个单元的结束。

厦门移动电视：

XM6 – 厦门唯一户外电视频道

XM6 开播于 2006 年 5 月，是厦门广播电视集团为了满足户外和移动人群的收视需求针对移动人群开办的第六套电视节目、XM6 作为厦门唯一户外电视频道，拥有以下独特优势：

①独家资源：XM6 独家拥有号称"地面上的地铁"的厦门 BRT 全部终端资源，随着 BRT 新线路的开设，终端数量还将不断增加。

②全效传播：XM6 拥有四大播出平台：BRT 公交播出平台、公共服务窗口播出平台、LED 大屏幕播出平台、中国移动 3G 播出平台。

③终端众多：XM6 锁定播出终端 1800 个，移动电视覆盖终端达到 8530 个。受众多为主流消费人群，每日收视人群达百万人次。

④节目丰富：XM6 独家拥有新闻播出授权，全天 18 小时滚动播出新闻 44 次，另有重大事件及赛事现场直播。

⑤应急平台：XM6 作为厦门市政府应急信息发布平台，及时准确提供政府信息。

湖南移动电视：

湖南移动电视成立于 2008 年 6 月 29 日，是湖南人民广播电台新广播新电视新媒体发展战略的主要承担者。频道作为湖南广电集团发展文化产业和新媒体行业的急先锋和试验田，隶属于湖南省委宣传部，担负着提供公共服务、满足百姓诉求、引导社会舆论、疏导社会情绪、打造应急网络的媒体重任。2009 年，湖南移动电视频道进一步确立了"打造公共突发事件和公共安全体系立体应急网络媒体"的角色定位，面向城市中高端移动人群的收视诉求，实施"以活动带动营销，以节目对接经营，以品牌吸引客户，以覆盖赢得市场，以拼搏抢抓机遇，以创新整合资源"的发展战略，打造"视界荟萃，快乐移动"的主题概念，以"心怀天下，敢为人先"作为企业的文化精神，致力于开拓富有"移动特色"的户外电视市场。

第三章　地铁电视

3.1　国内地铁电视发展概述

3.1.1　什么是地铁电视？

所谓地铁电视，狭义地讲，就是基于地铁乘客信息导乘系统（Passenger Information Direction System，简称 PIDS），通过在地铁站台及车厢内安装显示屏，为乘客提供动态视频的列车运营信息、消费资讯及各种广告信息。广义的定义是基于数字地面广播电视技术实现地铁信息系统与广播电视相结合的广播电视新媒体业务。

3.1.2　发展概述

从 2002 年以来，我国的地铁电视在短期内得到迅猛发展。

在市场规模方面，根据易观国际的相关数据，到 2009 年上半年，地铁电视的市场规模已经达到 14200 万。[①] 目前，已经开通地铁电视的城市包括：北京、上海、广州、深圳、南京、武汉等等。目前国内地铁电视运营商主要有民营公司如 DMG（2009 年 10 月 15 日被华视传媒以 1.6 亿美元收购），华视传媒、巴士在线以及依托于传统广电媒体的东方明珠移动电视有限公司、北广传媒地铁电视有限公司等等。其中，截至 2009 年年底，规模最大的华视传媒拥有 8 个城市的 28 条地铁线路的 34,000 个电视终端，每天不间断播放 17 小时。[②] 未来，CCTV 移动传媒旗下的地铁频道也将开通，又一个强有力的竞争者将出现在人们的视野中。

在受众接受度方面，2007 年年初，央视市场研究公司（CTR）完成对数码媒体集团（DMG）地铁视频媒体上海、南京、天津、重庆、深圳 5 个城市的专项调查。此次大规模、全国性地铁乘客习惯调查结果显示：在地铁环境中，地铁视频媒体到达率 96% 以上，最高达到 100%，乘客明确表示喜欢这

---

① 易观国际《中国移动电视市场发展研究专题报告 2009》，易观国际网站 www.eguan.cn/cache/1208/86081.html

② 数据来源：华视传媒官网 www.visionchina.tv

个媒体，平均留意观看达到74%，最高达到97%，而同环境中其它媒体留意观看平均为16%，最高只有33%，同时，表示愿意接受地铁视频上播放广告的人数超过50%，地铁电视成为最受欢迎的媒体。[①]

在发展模式方面，目前，国内地铁发展模式各具特色。南京地铁媒体采取的是合资经营模式。南京地铁1号线的视频系统由南京地铁、DMG、南京广电合资成立的南京地铁视频广告公司运营。上海地铁同样采取了合资模式。户外广告和视频媒体的经营权被德高中国和DMG视频公司抢占先机，分别成立了申通德高有限公司和地铁信息服务公司负责运营。广州地铁的视频系统是与南方影视共同成立的广州地铁电视传媒有线公司经营。北京地铁的视频系统除了北京地铁4号线的地铁电视由北京京港地铁有限公司运营以外，其余地铁线路，如1、2、5、10、13、八通线等的地铁电视均由北广传媒地铁电视有限公司运营，公司负责地铁电视在站台内屏幕的安装维护以及地铁电视的信号传输、节目的策划、制作、播出。北广传媒地铁电视有限公司由北京市地铁运营有限公司和北京北广传媒移动电视有限公司共同组建，其广告运营则由华视传媒全权代理。

3.2　地铁电视的技术方案

目前，成熟的地铁电视配套技术解决方案有如下两种，即漏缆泄露方案和WLAN技术方案。下面分别就两种方案做一点简单介绍：

3.2.1　漏缆泄露方案[②]

向列车发送视频信号时采用移动数字视频技术（国家标准）。由于较低频率的信号在隧道中衰减较大，需要采用漏缆实现覆盖。该方案施工相对简单，隧道内设备环境耐受力较强。移动数字视频可以通过SDH（数字同步网）或IP（因特网）传送。漏缆的相关设备主要包括：控制中心和车站的视频编解码设备、无线发射设备、泄漏电缆和车载视频解码器。视频信号通过上述设备传输到列车上，文本信号可通过TETRA（陆地集群无线电）系统的数据接口传送到车上，LED控制器只与TETRA相连接而接收文本信号。LCD控制器与移动数字电视和TETRA系统同时连接，由控制器完成视频和文本信号的混合。

上海地铁电视、南京地铁电视采用这种模式完成信号的覆盖。

---

① 《CTR专项调查显示乘客喜爱地铁视频媒体》，证券之星网站 http：//finance. stockstar. com/SS2007030630563365. shtml

② 张海亮，徐枫，李显辉：《地铁电视项目建设可行性分析》，武汉广电网 http：//www. whbc. com. cn/gozz/sxyon/zh/201004/t20100420-78231. shtml

3.2.2　WLAN 技术方案[①]

WLAN 遵循 802.11a/b/g 协议，提供控制中心与列车的通信，其设备包括在车辆段和沿轨道设置的无线接入点、设置在车站或运行控制中心的漫游控制设备，以及车载无线单元和天线。在车站的交换机和轨旁的无线接入点之间通过多模光缆连接。

车载子系统主要包括：无线接收单元、LCD/LED（发光二极管）显示控制器、LCD 和 LED 以及车厢布线。根据控制器的处理能力和视频监控的需求，其他可选设备还包括车载以太网交换机，数字录像机 DVR 和摄像头。

深圳地铁电视、广州地铁电视、北京地铁电视四、五号线采用这种模式进行的信号覆盖。

采用这种方案技术解决难度不大，但是因为 WLAN 是一个开放性的频段标注，民用范围较为广泛，在工程建设的时候需要严格考虑信号干扰与信号的传输安全问题，同时为实现线路的沿线覆盖 AP（无线覆盖点）每 300 米左右就需要布置一个，而且同时采用光纤连接，工程造价将会激增，为此带来施工、规划、环保评估、造价较高。

同时我国在无线互联网技术标注上国家的建议标准是采用 WIPA 而不是 WLAN，在城市范围内大规模布置 WLAN 网络是否可行值得探讨。

3.2.3　两种技术方案比较

1、安全、可靠性

漏缆方案：该方案已经在上海、南京等地完成网络建设，使用效果较好，但需单独敷设漏缆，成本较高，可租用地铁公司建设的安防系统配套电缆降低建设成本；视频只存在前向纠错，受干扰时可能出现较多误码和马赛克现象；某一个发射电台的损坏可能造成该电台覆盖区域的故障。

WLAN 方案：在深圳地铁电视、广州地铁电视、北京地铁电视成功进行视频传输，可根据需要增加监视，以满足安全要求，网络技术标准简单，存在安全隐患，覆盖信号容易被攻击，工程造价高。

2、实时性

两种技术方案的实时性均好。秒级的延时主要包括编解码和传输时延。

3、实用性

漏缆方案：可满足实时视频传输的要求，发射台数量较少，但需要与 TETRA

---

① 张海亮，徐枫，李显辉：《地铁电视项目建设可行性分析》，武汉广电网 http：//www.whbc.com.cn/gdzz/sxydn/zh/201004/t20100420-78231.shtml

系统协作；对预先下载广告及反向 CCTV 监视等业务处理有一定的复杂性，技术可靠，可以开展地铁电视的直播工作，现在已经在上海完成系统的开通。

WLAN 方案：车载系统的使用方法与车站一致性高，使用方便，技术成熟性、灵活性较高。

4、工程实施性

漏缆方案：如果共用 TETRA，轨旁无需敷设漏缆；无线发射部分只需在车站设置发射台和合路器；需要 TETRA 系统提供数据传输通道；车辆和车站布线与 WLAN 类似；有线传输网络类似，可采用以太网或 SDH 传输。

WLAN 方案：轨旁需敷设光缆和 AP，没有特殊的电视发射台；车辆和车站布线与漏缆类似；在列车上和车站采用类似的技术，保持地面信息和车载信息的一致性。

5、利用性

漏缆方案：可利用现有地面的移动数字电视节目源；实现移动电视信号的地上地下同源覆盖，最大的提高系统的利用率。

WLAN 方案：采用免费无线频段，需向"无线电管理委员委"备案与国家建议标准冲突，城市大规模覆盖可行性需要探讨，若采用国家建议标准，相关配套设备没有在地铁电视的成功应用案例，系统成熟度有待探讨。

6、可扩展性

漏缆方案：无法在该系统上直接引入其他业务；如果敷设新漏缆，可能作为其他无线信号的引入物理层媒介。

WLAN 方案：可利用 WLAN 同时传输视频、文本和数据；便于引入车载集中监视；标准化的成熟技术具有良好的扩展性。

技术方案对比表：

	漏缆泄露方案	WLAN 覆盖方案
安全可靠性	广播方式，安全可靠性高。	无线网络安全性较低，易被攻击。
实时性	实时性高，能够支持直播节目。	实时性高。
实用性	较高，上海、南京采用此方案。	高，深圳、广州、北京采用此方案。
工程实施性	施工简便，设备利用率高，成本低廉。	施工较为简便，工程投入设备多，造价非常高。
利用性	广播方式，利用性高。	利用性高，与国家无线网络建议标准有冲突。
扩展性	业务扩展有一定的局限性，需通过其台业务系统扩展	扩展便捷，能够引入反向监控。

3.2.4　主要城市地铁电视技术应用情况

上海：

在上海已经开通的 8 条地铁中，位于外环线以内的大部分地面轨道交通可以通过已有的覆盖网络接收到良好的信号，位于覆盖区内信号比较差的点则可以通过增加数字直放站来改善信号质量。这类型的同频直放站通过一套收发天线完成信号覆盖。轨道交通的地下部分，由于是狭长的通道，利用上述形式的直放站效果则不理想，而且接收信号引入地下的工程难度大。所以，目前上海地铁公司全线铺设有泄漏电缆，且在移动数字电视频段上并无和其他信号的冲突，因此，可以利用和路器将数字电视信号送到泄漏光缆中。

北京：

在北京，5 号线是全国第一个将 WLAN 无线网络传输技术应用于车辆、地面双向数据传输的乘客信息系统（PIS 系统），正是这一系统保证了 5 号线列车在隧道中高速行驶时，依然能接收到正在播出的电视节目信号；而 10 号线更是采用了世界领先的无线移动信号传输系统，可以实时接收中央电视台一套、奥运频道以及北京电视台一套节目。[1] 另外，1、2 号线由于建成时间较早，主要采用插卡技术，4 号线为局域网发射。

广州：

广州地铁电视传输技术通过无线数字信号发射、地面数字接收的方式播放和接收电视节目，即使在高速行驶的地铁列车上，仍能保持电视信号的稳定和清晰。全线 8000 台终端采用统一的接收播出信号模式进行资讯的联网播出，无论在任一地铁站内及行驶的地铁列车上，乘客都可以收看到同一的资讯内容，从而实现同一资讯内容的全面覆盖。[2]

3.3　地铁电视市场格局

国内的地铁电视市场比起公交电视，市场格局要相对清晰得多，市场参与者数量相对较少，进行全国运作的只有 DMG 和华视传媒，2009 年，两家合并之后，市场更加集中。其他如北广传媒地铁电视等都因其广电背景限制，难以在全国范围内扩展。所以，国内的地铁电视市场格局用一句话来说，就是从曾经的两强相争走向目前的一家独大。而 2009 年 10 月是一个明显的分水岭。

① 夏一晨：《上海地铁数字电视信号覆盖简介》，百度文库 http：//wenku.baidu.com/view/e7f57fd7c1c708a1284a4496.html
② 资料来源：广州地铁电视官网 http：//www.mtrtv.com/pages/showcontent2.aspx？catid＝7｜20｜45&id＝113

3.3.1　2009 年 10 月之前，DMG 与华视传媒两强相争

根据易观国际提供的数据显示，由于国内开通地铁的城市数量有限，DMG 和华视传媒占有市场 90% 以上的份额，分别是 53.5% 和 45.1% 。[①]

DMG（Digital Media Group）数码媒体集团是全球领先的地铁乘客信息导乘系统集成商及中国最大的地铁视频媒体网络运营商。由多家国际知名的投资公司及企业投资建立，其运营总部设在上海，研发基地设在北京。集团旗下成员包括北京东方英龙科技发展有限公司、北京东方英龙广告有限公司以及设在上海、天津、重庆、南京、深圳、香港的 6 家 DMG 运营子公司。数码媒体集团（DMG）在上述 7 个主要城市中拥有共计 27 条地铁线路的独家广告运营权，其中包括上海地铁全部 13 条线及北京地铁 1、2、4 号线，其网络拥有 34，152 块显示屏，每天向超过 1550 万乘客提供娱乐、资讯、广告及乘客信息系统（PIS）服务。

DMG 的优势是具有市场领先的技术工程背景，用技术换取渠道资源，其核心价值是为地铁运营公司提供乘客信息导乘系统，将最先进的信息系统与视频媒体技术有效结合，帮助地铁运营公司提高运营质量，并为地铁乘客提供最为便利的服务化信息。目前，乘客信息导乘系统已经在全国大部分地铁线路上被广泛使用，并成为现代轨道建设中不可或缺的基础配备。

DMG 与国内多家地铁公司、地铁车辆制造企业保持着良好的合作状态，并与国际著名设备供应商，如 IBM、Cisco、三星电子、LG 电子、日立、松下、飞利浦、新加坡科技电子等确立了长期合作关系。Gobi Partners、NTTDoCoMo、Dentsu、Oak Investment Partners、Sierra Ventures 以及 NIF SMBC Ventures 等国际著名企业或投资公司更是看好 DMG 的发展前景，为其提供了资金及技术上的全力支持。[②]

虽然巴士在线等运营商已经在大连等城市轻轨列车上安装了视频系统，但是所占比例是非常小的。

---

① 数据来源：易观国际《中国移动电视市场发展研究专题报告 2009》
② 易观智库：《数码媒体集团公司概述》，http：//www.enfodesk.com/SMinisite/index/articledetail-type-id－9－info-id－923.html

3.3.2 2009 年 10 月之后，华视传媒一家独大

2009 年 10 月 15 日，华视传媒对外宣布与上海数码媒体集团 DMG 进行合并，华视为此向 DMG 股东支付价值 1.6 亿美元的现金加股票。

整个付款过程共分为三步，第一步是在交易完成时付给 DMG 共计 1 亿美元，其中 4000 万美元是现金，另外 6000 万美元为股票；剩下的 6000 万美元付款将分为两笔，每笔为 3000 万美元，分别将于交易第一年和第二年的周年纪念时交付。本次合并后，华视传媒新联播网将由公交移动电视广告网、地铁移动电视广告网这两个既独立完整、又互为补充的子网络共同组成。

新联播网覆盖中国 30 余个主要城市，包括四大一线城市——北京、上海、广州、深圳，以及天津、重庆、成都、南京、杭州、武汉、沈阳等重要城市，并进入香港，首次将广告运营拓展到中国大陆之外。新联播网的自有终端数在本次整合后将超过 16 万个，占据中国移动电视终端总量的 70% 以上。本次合并使得华视传媒与 DMG 原有客户资源得以共享，从而拥有更广大的客户基础；销售人才强强联合，拥有更加强大的销售团队；避免恶性价格竞争，有利于移动电视的媒体价值提升；公交电视和地铁电视互为补充，为客户提供更全面的媒体服务和体验。

另外，双方整合后，将为移动电视媒体引入更多国内外知名品牌，令各合作方媒体资源价值得到更快提升，建立规范化国际化的移动电视媒体形象，加快移动电视从目前补充媒体迈入主流媒体的进程，实现更大、更好的社会效益和经济效益。

本次华视传媒与 DMG 的合并，具有很大的协同效应，大大加快了移动电视广告市场的发展，提升了移动电视媒体的整体形象。

截至目前，华视传媒拥有北京、深圳、广州、南京、成都、杭州、太原、天津、沈阳、武汉、长春、大连、苏州、宁波、无锡等城市的公交移动电视广告独家代理权，以及北京、广州、深圳等城市的地铁移动电视广告独家代理权。

下图：华视传媒各地地铁电视广告终端资源①（数据统计截止日期：2010 年 4 月 15 日）

---

① 《华视传媒地铁电视媒体推介》http：//www.allchina.cn/exchange/zhuanmai/userupfile/Media-attach/newmedia/201096953582155630.ppt

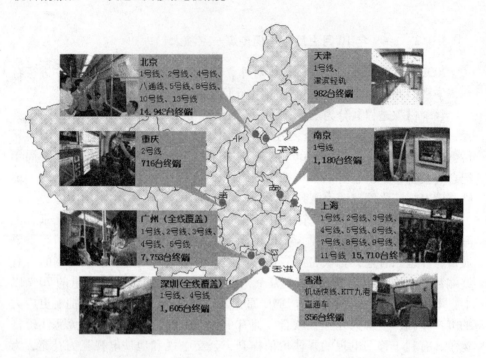

3.4 影响国内地铁电视发展的几大因素

3.4.1 国家政策推动

国家大力支持地铁电视等新媒体的发展。2006年制定的我国《国民经济和社会发展十一五规划纲要》中，与地铁电视相关的内容被一再提及，如"稳步推进新一代移动通信网络建设。建设集有线、地面、卫星传输于一体的数字电视网络"，"鼓励教育、文化、出版、广播影视等领域的数字内容产业发展，丰富中文数字内容资源"等。另外，《"十一五"时期广播影视科技发展规划》指出，"构建卫星直播及移动多媒体广播系统"，"加强手持电视、移动电视、网络电台、网络电视等新兴媒体的技术和应用研究"。我国政府对发展地铁电视的重视与支持可见一斑。

以北京市为例，2009年5月刚发布《北京市信息化基础设施推进计划2009-2012》。在主要任务里面有三点是和广播电视有密切联系，第一就是农村信息化基础设施建设，第二就是加快交互式高清数字电视改造和移动多媒体系统建设，第三就是要实现在地铁内广播电视网络覆盖。①

3.4.2　轨道交通实现突飞猛进的大发展

近年来，在政府的高度重视和积极推动下，国内许多城市加快了城市轨道工程建设，掀起了城市轨道交通的新高潮。截至 2010 年 10 月，北京、天津、上海、广州、武汉、长春、大连、深圳、重庆、南京、成都等 11 个城市已有城市轨道交通，杭州、沈阳、哈尔滨、西安、厦门、苏州、青岛、东莞、宁波、佛山、石家庄、郑州、长沙、兰州等 33 个城市正在建设、筹建或规划中。全国近期规划建设地铁 1700 多公里，总投资超过 6000 亿元。2015 年前后在全国范围内将建设 79 条轨道交通线路，总长度 2259.84 公里，总投资为 8820.03 公里。北京、上海和广州等地更是在以每年建成 40 至 60 公里的速度加快地铁建设。深圳市规划局在 2007 年 7 月组织编制了《深圳市轨道交通规划》，同时与深圳市发改局共同组织编制了《深圳市城市轨道交通建设规划（2011～2020）》。规划提出了深圳市轨道交通的近期建设方案及远期线网方案。在地铁部分，近期方案的重点是在一、二期工程基础上，提出 2011 年至 2020 年间的建设方案，其中包括龙华线的北延段（三期），以及 8 条新建的地铁线路：6－12 号线，总长约 245.4 千米。远期方案规划了至 2030 年的 16 条地铁线路，总长 585.3 千米，设站 357 座。其中组团快线 4 条、干线 6 条、局域线 6 条。

随着越来越多新线路的陆续开通，地铁在我国整个公共客运交通系统中的客运量分担率应该会达到 20% 以上，但与发达国家仍有差距。在发达国家，地铁能分担 50% 以上的公共交通客运量。② 我国地铁建设还有较大发展空间。

但是，需要注意的是，按照《国务院办公厅关于加强城市快速轨道交通建设管理规划的通知》要求，申报建设地铁的城市需要达到不低于 300 万人口、国内生产总值不低于 1000 亿元、一般预算收入不低于 100 亿元、客流规模单向高峰小时最大断面客流不低于 3 万人次。这也导致地铁无法扩大渗透。

3.4.3　奥运会、世博会、亚运会等大事件推动地铁电视大发展

2008 年全球瞩目的北京奥运会，以及 2010 年上海世博会和广州亚运会对于地铁电视的发展都有较大的推动作用。这种推动作用一方面体现在地铁的发展带来地铁电视终端的数量增长；另一方面体现在人们对地铁电视内容的

---

① 《北广传媒移动电视公司总经理罗晓军：地面数字电视业务创新》，DVBCN 数字电视中文网，http://www.dvbcn.com/2009－08/21－37466.html

② 数据来源：易观国际网站，http：//www.enfodesk.com/SMinisite/index/articledetail-type-id－9－info-id－926.html

需求和认同度在不断增长。

以上海世博会为例，2010年上海世博会吸引了240个国家和地区组织参展，据统计，有7000万人次的中外游客前来上海参观。巨大的参观人数无疑考验着上海城市交通的运营与承载能力。调查表明，在世博期间，地铁成为人们去世博园的首选交通方式，承担起了最主要的客流运送任务。

为期184天的世博会举办过程中，华视传媒地铁电视以其强大的网络覆盖、及时的报道、庞大的受众群体，成为了本次世博传播的主要载体之一。

调查显示，90.3%的上海居民曾经通过地铁移动电视获取世博的相关信息，对地铁电视获取信息的依赖度甚至超过电视等传统媒体，成为人们了解世博的第一信息窗口。

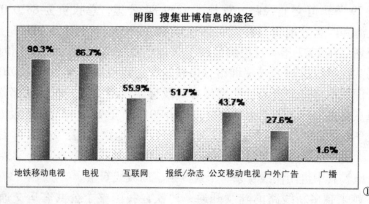

附图 搜集世博信息的途径

①

对地铁电视所播放世博相关内容，观众的好感度高。通过地铁电视，增加了观众对世博会的了解，同时也加深了对世博会的好感。地铁电视能最大程度地满足观众对世博信息多样化以及及时性的需求。这些优势是其他新媒体所无法替代的，同时也使得地铁成为了助力世博会传播的优质载体。

再来看2010年广州亚运会。

为了办好亚运会，2005—2010年6年间，广州在重点基础设施建设方面的投资达1090亿，其中仅新开通5条地铁线就投资547亿。广州市新建144公里地铁，使得亚运前全市地铁通车总里程达到222公里。这为地铁电视的发展提供了物质基础。

---

① 图片来源：新生代市场监测机构-2010年7月"2010地铁电视媒体世博营销价值研究"，通过拦截访问方式获取上海本地居民样本630人，该数据在本次抽样中有效，不做其他推及

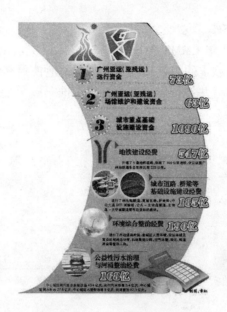

3.5　地铁电视受众特点分析

3.5.1　人数众多，且呈增长态势

地铁乘客有多少，潜在的地铁电视受众就有多少。以亚运城市广州为例，目前广州建成九条地铁线路网络，每天客流量预计超过 300 万，约占广州市常住人口的40%。在北京，2010 年 3 月 26 日一天，地铁全路网 9 条线的载客量就达到568.56 万人次，这是北京地铁运营 39 年来的最高纪录。不过，这一记录很快又被打破了。从全国范围来看，随着更多地铁线路的开通，突破这一数字可以说是轻而易举。

3.5.2　"双高"人群为地铁电视主要受众群体

"双高"是指学历高、收入高。央视市场研究公司（CTR）在 2009 年完成对数码媒体集团（DMG）地铁视频媒体上海、南京、天津、重庆、深圳 5 个城市的大规模专项地铁乘客习惯调查结果显示：地铁受众学历相对较高。北京地铁 1、2 号线大专及以上学历的乘客占到 70% 以上，本科及以上学历的受众占到将近 1/3。上海地铁大专及以上学历占到 64%，本科及以上学历的受众占到 26%；收入稳定。调查结果显示，北京地铁 1、2 号线的受众中个人月收入在 8000 元以上的比重占到 7.5%。上海地铁的受众个人月收入在 8000 元以上的比重占到 7%；北京地铁 1、2 号线所覆盖的受众中家庭月收入在 8000 元以上的比重占到 37.5%。上海地铁所覆盖的受众中家庭月收入在 8000

元以上的比重占到45%。

另外，根据2009年CMMS中国市场与媒体研究（春季）提供的数据，90%的地铁乘客拥有稳定的职业和收入，96%的地铁乘客为15－45岁的主流消费人群。下图引自《华视传媒地铁电视媒体推介》。

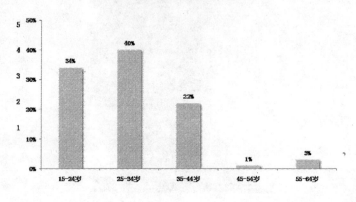

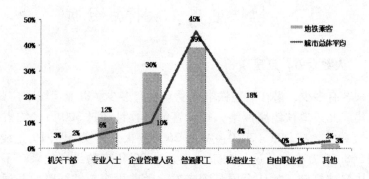

3.5.3　地铁电视受众普遍观看时间较长①

受众群体与媒体接触时间上，一人接触传统电视时间，一天可能有两三个小时，但电视频道非常多，平均接触一个频道广告可能几分钟；一人一天接触报纸的时间，一般一天不会超过二十分钟；人们接触楼宇电视的时间，一天很难超过两分钟。而地铁乘客接触地铁电视的时间相对而言就比较长。以北京为例，一项调查数据显示：每天固定乘坐的约占40%，乘坐时间30分钟左右的约占60%。②和传统媒体及楼宇电视相比，地铁移动电视和受众接触的显然要长得多。

---

① 蔡雅琴、谭建军：《地铁电视广告传播路径探讨——基于广州地铁受众群体研究》，《现代商贸工业》2008年第20卷第8期

② 路长伟：《北京地铁电视收视效果实证研究》，《青年记者》2010年第10期

3.5.4　不同时间段受众结构不同，收视目的及习惯不同

在一天的不同时间段里，受众也呈现出不同的结构和特征。一般来说，上午 7:00~9:00 和下午 17:30~19:00 分别为早高峰期、晚高峰期，中午 11:30~12:30 和下午 13:00~14:00 为次高峰期，其余时间为非高峰期。高峰期的人群多为中、青、少年，非高峰期老年人和外地游客等为主要比例。人口流动特征决定地铁电视不同的时段应该采取不同的节目及广告策略，以达到节目、广告传播、人口特征最大化广告的效果。

不同时段的受众具有不同的收视心理，上午 7:00~8:30 的时段，受众群体希望得到资讯信息，了解最新时事动态，这时段应接受一些快节奏的节目与广告；而下午 17:30~19:00，辛苦工作下班，应播放愉悦的节目和广告形式。从上下班高峰期收视率来看，上班高峰期收视率低于下班高峰期收视率。这是因为工作压力大、学习紧张，上班途中的收视意愿较低；而在下班途中，结束一天的工作和学习后，人们会有意识地寻找娱乐，放松心情。从喜欢的收视内容来看，上下班途中的收视内容各有侧重，以新闻时事和娱乐节目为例，上班时收视新闻时事占 45%，收视娱乐节目占 37%，而下班时收视新闻时事下降为 28%，娱乐节目上升到 49%。[1]

3.6　地铁电视内容分析

3.6.1　地铁电视内容构成及来源

3.6.1.1　内容构成

地铁电视节目内容合理设置的前提是要对地铁电视的受众群体的特点和需求进行精准的分析。

2009 年 8 月，SMT 地铁电视调研项目组在调查网站"问卷星"上进行的问卷调查《关注上海地铁电视，收视由你评说》。共有 693 名受众参与的问卷调查。虽然不够全面、准确，但在一定程度上可以了解乘客对地铁电视的基本认识情况。部分问题的调查结果如下：

您觉得地铁电视频道最好以什么形态定位？[2]

---

①　路长伟：《北京地铁电视收视效果实证研究》，《青年记者》2010 年第 10 期

②　《关注上海地铁电视，收视由你评说》，问卷星网站 http://www.sojump.com/viewstat/117193.aspx

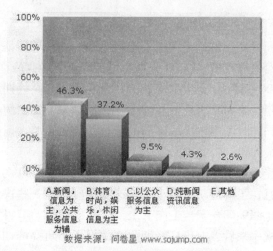

数据来源：问卷星 www.sojump.com

当您在收看地铁电视时，希望能看到那些内容？[①]

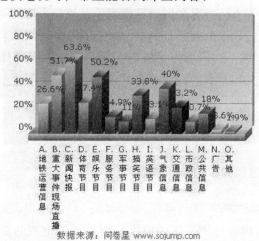

数据来源：问卷星 www.sojump.com

您希望在上下班时间看到什么内容[②]：

事实上，运营商在进行节目的安排时也考虑到了乘客的这些需求和喜好。综合国内各家地铁电视的节目内容，我们不难发现，以下内容是较为普遍的，具体包括：

1、新闻资讯。

根据 CTR 央视市场研究公司提供的调查数据显示，地铁乘客具有高学历、高收入、高消费的特点，这一受众群体在对信息的选择上根据个人兴趣以及职业的差异不尽相同，但是在新闻时事资讯的选择上都具有较强的认同。

---

① 《关注上海地铁电视，收视由你评说》，问卷星网站 http：//www. sojump. com/viewstat/117193. aspx

② 《关注上海地铁电视，收视由你评说》，问卷星网站 http：//www. sojump. com/viewstat/117193. aspx

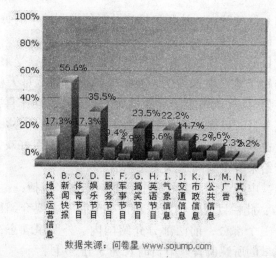

数据来源：问卷星 www.sojump.com

以上海为例，2009 年 7 月 5 日上午，上海地铁电视经过近半年的试运营后正式开通，成为国内首家进行直播的地铁电视。上海地铁电视的播出时间为每天 6 时 20 分至 23 时。除了主要发布地铁运营信息之外，上海地铁电视的节目以新闻资讯为主，辅以公众服务类节目。

在北京，像国庆阅兵、两会等重大事件时，地铁电视与电视台同步直播。

在广州，地铁电视中影响力最大的新闻资讯类节目名为《资讯新干线》。此栏目为一档新闻资讯节目，回顾过去一周重大新闻事件。节目分两部分，第一部分为社会、时政类新闻；第二部分为趣味新闻；重点选取发生在广州市民身边的、反映民生民记的新闻事件。另一档新闻节目《广州日报精彩时间》，为广州地铁电视和强势媒体《广州日报》合作设立，基于《广州日报》丰富的内容资源，精心选材。每期基本分三部分，热点话题，白领周刊和漫画"OL 新传"等，内容多涉及房地产、保健、职场、旅游等话题。

2、服务信息，特别是重大事件与突发事件的应急发布。

服务信息包含的范围非常广泛，包括天气资讯、旅游信息、餐饮信息、演出信息等等。

以北京地铁的天气资讯为例，北京市气象局 2010 年 8 月 5 日介绍，由市应急办牵头，市气象局与北广传媒集团合作，经过协商运筹决定，自 8 月起由市气象部门提供并通过北广传媒的多渠道、多手段播发气象预警信息。今后，每逢北京地区发生有暴雨、冰雹、雷电和短时大风等天气灾害和其他突发性事件，气象预警信息都会通过京城的公共汽车和地铁车辆上的电视、户外电视大屏幕等渠道以文字条目形式迅速播发给市民。

事实上，很多城市都已经把地铁电视正式列入了城市重大事件与突发事件的应急发布系统，利用其无线传输可实时更新、分布广泛、受众人数众多，且面向移动中的人群的特点，让紧急信息及时传送到城市的每个角落。

3、娱乐节目。

娱乐节目在目前的地铁电视中所占比重很大，也是很受乘客欢迎的内容。

以新开通的武汉地铁电视为例，《今日影视》荟萃每天精彩的电影电视剧，让乘客提早尝鲜；《欢声笑语》集纳魔术、杂技、动作喜剧，让观众享受丰富多彩的综艺节目；以爆笑动画短片为主的《越看越开心》，让观众从中体味幽默喜乐人生；《快乐家庭》则通过每个家庭表演拿手好戏，营造温馨幽默的家庭气息，带给乘客全新的地铁文化生活。

再以广州地铁电视为例。其娱乐节目非常丰富，包括：

《娱乐站台》：此栏目为一档娱乐新闻类节目，主要介绍国内、外娱乐新闻事件。节目分三个部分，前两部分介绍国内、外明星动态；第三部分为明星博客，介绍明星的所感所言。节目时长为3分30秒。

《时尚轨道》：此栏目为一档展现时尚风采、传播科技动态的综合性栏目。节目分两个部分，第一部分主要介绍当前最新、最流行的数码产品（如手机、mp3、mp4等）；第二部分为一档时装秀节目，选取当前最流行的时尚元素，配以动感的音乐，带来视、听的双重享受。节目时长为3分钟。

《幽默一刻》：此栏目为一档幽默、搞笑的趣味节目，分为两个部分。选取如《笑笑小电影》、《轻松一刻》之类的节目素材加以编辑组合。节目时长为3分钟。

《运动无极限》：此栏目为一档运动类节目，分为篮球、足球、极限运动三部分。选取最新的运动精选画面作为节目素材，配以动感十足的音乐。节目时长为4分钟。

《影视直通车》：此栏目为一档介绍最新电影资讯的信息类栏目，节目分为两个部分。每期介绍三部即将上映的新电影，通过精彩的剧情简介让乘客第一时间了解电影故事梗概。《最新院线信息》让乘客了解广州各大影院的放映情况。节目时长为2分30秒。

4、广告信息。

商业广告信息的具体内容将在下一节中具体进行介绍。这里主要讲讲公益类广告信息以及城市形象宣传类的内容。地铁电视是城市形象宣传的一个重要窗口。为了展示城市形象，各地的地铁电视基本上都有此类节目。

以新近推出地铁电视的武汉为例，武汉广播电视总台特制了适合地铁电视播放的电视节目《江城武汉》《魅力武汉》，展现江城独特的人文历史风情；同时还制作了以文明武汉为主题的系列公益广告，通过地铁电视这个窗口，让更多的人了解大武汉、热爱大武汉。

在北京，介绍北京历史文化古迹等的优美形象宣传片也吸引了众多乘客的目光。2011 年春节期间推出的快板书配动漫的节目出行提示也是广受好评。

5、互动参与类节目。

设置互动类节目将有助于让地铁乘客参与到地铁节目中来。目前在北广传媒地铁电视中播放的《精彩在途中》就是一个很好的例子。地铁乘客通过 UUTUU 网站将自己在旅行中拍摄的照片上传到网上，节目制作人员在进行甄选之后选择比较优秀的照片制作成节目供大家分享。

2011 年 3 月至 7 月，为庆祝中国共产党建党 90 周年，传承红色文化，弘扬时代主旋律，发扬爱党，爱国，爱岗敬业的奉献精神，北广传媒移动电视、北广传媒地铁电视、北京党建数字电视频道与北京公交集团、北京市地铁运营有限公司共同举办"为您而歌"——北京公交、地铁员工庆祝建党 90 周年红歌赛。从周一到周日，在地铁电视上都可以欣赏到 62 位选手的精彩表演。乘客可以通过手机短信以及新浪微博为喜爱的选手投票，并有机会获得奖品。这一活动大大拉近了乘客和地铁电视以及地铁服务人员之间的距离。

3.6.1.2 内容来源

目前，地铁电视内容主要有以下三个来源：

来源一：传统电视台提供的节目。

来源二：民营制作公司制作的节目。

来源三：地铁运营公司自制的内容。

以北广传媒地铁电视为例，2010 年 8 月起，北广传媒地铁电视开始试播。目前试播的地铁电视节目内容以北京电视台提供的节目、民营制作公司制作的节目为主，在新闻资讯方面采用自制节目内容，由歌华大厦播控中心进行统一信号传输，每档节目的时长在 3—5 分钟左右，每天复播三次。

其节目中，有北京电视台提供的《这里是北京》、《生活实验室》、《生活面对面》等，也有民营制作公司，如光线传媒提供的《娱乐现场》、东方风行传媒文化有限公司提供的《美丽俏佳人》等节目，还有北广传媒地铁公司和北京市交管局合办的《移动直通车》等新闻资讯节目。另外，北广传媒地铁电视有限公司对于自制短剧等内容还在考虑之中。

据北广传媒地铁电视公司的人员介绍，希望和北广传媒地铁电视合作的内容提供方有很多，各家采取的合作方式不同，经过一段时间的试播，最终会通过调查公司反馈来的数据固定或者取消一些节目。

3.6.2 地铁电视内容存在的主要问题

3.6.2.1 时效性差

地铁节目的时效性是深受垢病的主要问题，更新不及时，甚至长时间不更新，让乘客非常反感。比如，2009年，有乘客反映，北京奥运会已经过去快一年了，而北京地铁10号线上的电视内容仍然只有奥运相关的内容，所以看起来十分枯燥，尤其对于一个每天上下班都要乘坐10号线的普通市民而言更是难以忍受。从另一个角度来说，这对地铁电视资源也是一种浪费。除了常规节目更新不够及时，时效性更强的直播类节目所占比例也很小，而这部分内容也恰恰是乘客非常感兴趣的。调查网站问卷星2009年进行的《关注上海地铁电视，收视由你评说》里关于直播的调查结果如下：

在遇到重大和突发事件时，您是否希望在乘坐地铁时也能即时看到现场直播频道？①

数据来源：问卷星 www.sojump.com

可见，大部分乘客对于直播内容还是有需求的。

3.6.2.2 字幕缺位

地铁车厢内，由于车辆运行的噪音、报站音、乘客聊天等声音的影响，很难清楚地听到地铁电视节目的声音。于是，字幕的作用就显得分外重要。

问卷星的调查问题，您觉得地铁电视的节目需要配有字幕吗？② 结果显示，73.2%的受访者表示需要字幕。但是，字幕现在还远远没有跟上。大部分节目是没有字幕的。有的也只有标题。对于语言类节目，这无疑大大降低了观看效果。

---

① 《关注上海地铁电视，收视由你评说》，问卷星网站 http：//www.sojump.com/viewstat/117193.aspx

② 《关注上海地铁电视，收视由你评说》，问卷星网站 http：//www.sojump.com/viewstat/117193.aspx

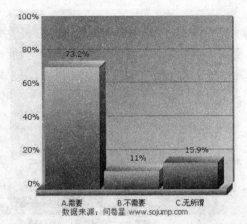

数据来源: 问卷星 www.sojump.com

不过，运营商也已经意识到了这个问题，北广传媒地铁电视负责人表示，北广传媒地铁电视正式播出时肯定要配字幕，而且字体还要比常见的略大。这对于广大乘客无疑是个好消息。

3.6.2.3　互动缺乏

地铁电视目前基本上是单向传播，与乘客的互动极少，参与感的缺乏也在一定程度上影响了人们对于地铁电视的品牌认知。事实上，在当今这个新媒体渗透的时代，人们对于互动参与式的媒体形式是有认同感的。在2009年问卷星的调查问题"如果在地铁电视栏目增设观众参与互动环节，您会配合参与吗?[1]"，可以看出，愿意参与互动环节的受访者还是占到一定的比重，如果互动环节做得好，愿意参与的人数势必会大大增加。互动、参与，已经成为当今无论是传统媒体还是新媒体不可或缺的重要内容。

3.6.3　地铁电视内容发展趋势

3.6.3.1　成为便民服务平台

将服务的理念贯彻到地铁电视，就应追求更多的便民、实用信息，在进行节目设计时想受众之所想，如城市风貌介绍、站点周边景点介绍、天气预报、路况提醒等等信息都是乘客非常需要的。在节目编排上注意针对性，例如，在上下班高峰时间，可安排职场心理、职场英语、教育培训等内容，在商圈的线路上可多播放生活常识、商场打折信息等内容。另外，需要将受众、线路进行细分，才能有针对性地提供服务信息。

---

[1]　《关注上海地铁电视，收视由你评说》，问卷星网站 http://www.sojump.com/viewstat/117193.aspx

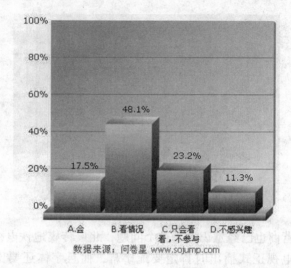

数据来源：问卷星 www.sojump.com

3.6.3.2 成为新闻资讯平台

在地铁电视屏幕上，受众最喜闻乐见的除了服务性信息就是新闻资讯，因此，除发布地铁运营信息之外，地铁电视节目的重要构成部分应该是新闻资讯。考虑到地铁电视的特殊收视需求，新闻应更简洁、更快捷、更阳光；注重以平民视角、平民特色宣传主流意识形态；在内容上可兼收并蓄，注重时事新闻和本地新闻的结合；在播出时段上，早、中、晚三个高峰期则是新闻的重点播报期。在技术条件允许的情况下，则最好能够实现新闻的直播化和实时更新。

3.6.3.3 更加强化编排

任文长在《优化地铁电视内容，提升地铁电视传播效力》[①] 一文中对于地铁电视节目编排的重要作用和如何进行科学的编排提出了很好的意见。他提出：在地铁早高峰时段，在节目的安排上应该以新闻资讯类、音乐类为主，在早高峰时段乘坐地铁的受众群体不能通过传统的媒体在第一时间内获取新闻资讯。目前北京地铁乘客在地铁车厢内获取资讯的主要途径有三种：报纸、手机报以及通过无线传输的部分线路的整点播报。为了更好地让乘客获取新闻资讯，在地铁电视新闻资讯类节目可以压缩节目时长，以北京地铁四号线曾经采用的图片标题新闻的形式进行播报，在高峰时段每半个小时进行更新，节目时长控制在 2 分钟左右，这样就可以让受众群体在第一时间获更多的新闻资讯。天气资讯类节目尽量安排在新闻资讯类节目之后进行播出。固定的节目播出顺序模式有利于受众在掌握地铁电视的播出规律，提高受众的关注

---

① 任文长：《优化地铁电视内容，提升地铁电视传播效力》，《大众商务》2010 年 7 月，总第 115 期

程度。在新闻资讯、天气资讯类节目播出之后安排轻松 MTV 能够让乘客的心情得到很好的放松，对拥挤的乘车环境给出行的乘客心理上起到一定的调节作用。需要特别注意的是，在生活资讯以及生活技巧类的节目在早高峰时段尽量避免出现。而在晚高峰时段安排生活资讯以及生活技巧类节目则适合受众群体的心理接受需求。

3.6.3.4 原创特色内容成为打造品牌的关键

国内主要的地铁电视运营商要么有电视台背景、要么与电视台有密切的合作关系，从降低运营成本的角度考虑，直接将电视台的常规节目不经编辑或经过简单剪辑就用于地铁电视播放是运营商的普遍做法。但随着其规模的扩大与受众品位的提高，仅仅依靠拿来的节目已经不能再满足其发展的要求。从媒体特点来讲，许多长时间、连续性、语言类的传统节目并不适合地铁电视播放。如何权衡个性特色与拿来主义成为运营商不得不面对的问题，可以看到采取拿来主义就意味着低成本，但也表示放弃了个性特色；拥有自办节目，就意味着较大的投入，但也拥有了自己的话语平台，有力利于品牌的形成和竞争力的提升。

作为一个独立的新媒体，地铁电视的内容来源除了自采和向传统频道获取外，还可以向其他领域拓展，如与气象部门合作，与教育部门、公安部门、交通部门等合作。在拥有与多种行业合作获取的独特内容后，地铁电视才能更好地实现特色化的信息服务。正在试播的北广传媒地铁电视中有一档名为《美食零换乘》的原创节目，介绍地铁沿线的特色餐馆，就很受乘客的好评。这样贴近乘客生活的原创内容在数量上还需要大大提升。

3.6.3.5 技术改进促进内容收视[1]

技术方面的改进可以为乘客提供更好的收视体验，除了信号等问题外，最为直接的应该内容收视的无非是音频、视频和字幕三个方面的改进。

音频上的改进。74% 的乘客认为由于地铁中噪音太大，所以只重视画面的内容，而忽略了声音的存在。改进声音并不是增大音量，而是多安置扬声器，以解决声音的问题。

视频上的改进。地铁电视尺寸较小观看的人较多，因此，节目中的主要人物、主要场景和细节，应多给些近镜头和特写镜头，并尽可能地比传统电视保持的时间稍长一些，让乘客在晃动中看清看懂并感受到画面所表达的内涵。

字幕上的改进。地铁电视节目中要多使用一些字幕，字幕的字号应大一

① 路长伟：《北京地铁电视收视效果实证研究》，《青年记者》2010 年 10 月（上）

些，颜色应醒目一些，以弥补声音传播中的不足，让乘客通过字幕的帮助了解节目的主要内容。

3.6.4 地铁电视特色节目简介

3.6.4.1 新媒体地铁剧——《晴天日记》《背着你跳舞》

说到新媒体地铁剧，最具代表性，也是受到最多关注和好评的一定是 DMG 推出的《晴天日记》和《背着你跳舞》了。

有研究者专门分析了此类地铁新媒体剧的价值，指出新媒体地铁剧的价值主要体现在以下三个方面[1]：

1、广告价值。新媒体地铁剧平均每次时长 2~2.5 分钟，一个小时约播 4~5 次，与地铁乘客的乘车时间吻合，紧紧抓住乘客习惯在枯燥的车厢内关注流动画面的特点，加之海量的地铁乘客群，足以引起广泛关注与良好互动。根据 CRT 央视市场研究公司统计，当地铁剧还未出现时，地铁视频媒体到达率约为 74%。也就是说，各种重复播出的广告尚有七成乘客留意，当情节连贯、明星云集的偶像剧出现在地铁视频上时，"留意率"更高。以《晴天日记》为例，第三方数据显示，"瓶装星冰乐"的认知度高达 74%，超出一般广告认知度 20% 左右；且其中 96% 的人期待看续集，更有 82% 的人称能看出这是广告，但是认为它是巧妙的。

2、公关价值。由于首播媒体是地铁，因此，缺乏和用户的及时互动。作为补充，新媒体地铁剧可以上线和各个网站进行合作，开设博客和播客，利用网络口碑营销将所需信息进行病毒式复制。在通讯 3G 时代高调来临之际，手机终端下载、手机网站等等互动模式也将更大限度地将新媒体地铁剧同各种营销传播方式整合在一起。此外，再结合传统媒体比如电视、平媒的软性植入，整体的推广效果将可以形成社会效应。

3、社会价值

地铁是公共交通工具，属于公共场所的区域。因此，新媒体地铁短片同样具有大众传播的效力。对于公共文明的建设、城市文化的传承，都具有不可忽视的影响力。以《晴天日记》为例，讲述的是一位名叫李晴的刚毕业踏入社会的电视台工作人员，她在每天上下班地铁的路途中用自己的视角观察周围的人和事，充满爱心地帮助周围的人，并且化身"晴天"在新浪上开博"晴天日记"，每天更新自己在地铁中的心情故事。通过一集一集的小故事讲述城市的爱，这种"润物细无声"的方式传播的是一种爱己爱人、积极工作、快乐生活的心态。较之授人以"鱼"的硬性规定，这样授人以"渔"的方

---

① 梅倩如：《小议新媒体地铁剧》，《理论界》2009 年第 11 期

式，更加具有实际意义。

除了上面提到的广告价值与公关价值，对于制片方和剧组来说，地铁剧更是一个"潜力股"。可以在适当的时候推出影院播放的电影版，通过影院票房继续盈利，并且由于前期的造势已打下了良好的受众认知基础，因此，无需大笔电影宣传投入。这种商业模式对于各方都是共赢的。

3.6.4.2　参与式品牌活动——"超级情侣挑战 Show"、"我爱考拉" DV 大赛

由地铁电视组织的活动形式新颖，互动参与性强，对于地铁电视的品牌塑造也是大有裨益的。在这方面做得较为成功的是广州地铁电视传媒公司。较有影响力的活动包括："超级情侣挑战 Show"以及"我爱考拉"DV 大赛等。

"超级情侣挑战 Show"由广州地铁电视传媒有限公司主办、广东雅信文化传播有限公司承办，《南方日报》、《羊城晚报》、《南方都市报》、《信息时报》、《可乐周刊》、香港《文汇报》、《精品生活》、《美食导报》、《赢周刊》、《亚太经济时报》、《新快报》、21cn、新浪、搜狐、广州视窗等主流媒体和网站都对活动进行了跟踪报道。整个活动通过地铁电视的全程转播和跨媒体宣传组合，形成强大的宣传攻势，将浪漫和快乐传递给全城市民。

"我爱考拉"DV 大赛：

2006 年 7 月 8 日，澳洲国宝考拉首次正式在长隆香江野生动物世界展出。如何让这 6 只可爱的小考拉集体亮相后，迅速拉近与广州市民的距离？同时，如何让地铁三号线"汉溪"站已更名为"汉溪长隆"站的消息与长隆香江野生动物有机地联想在一起。广州地铁电视媒体运营部和平成广告公司联手策划了 2006 广州地铁电视"我爱考拉"长隆香江 DV 摄影大赛。

这次活动的突破就是地铁电视为广州市民提供一次自娱自乐 DIY 的 DV 展示的舞台，即广州参赛者自备摄影器材，在长隆香江野生动物世界园区内自由拍摄考拉，地铁电视上以专题节目方式编辑和播放本次活动参赛入围的 DV 和摄影作品，每天播放的时间长达一个半小时，前后为期一个月。

这次活动前后为期两个半月，从 7 月 26 日一直到国庆期间，前一个月，考拉"唱歌篇"电视广告片的投播和本次活动地铁电视预告，以及强势平面媒体的助阵，同时辅助以地铁电视"考拉"新闻的连续报道，吸引了大量地铁乘客关注，接下来的一个月，连续展播参赛者的原创 DV 作品，又引来地铁乘客持续关注和对活动真实、贴近的认可。

3.6.4.3　原创搞笑动漫——绿豆蛙

北京的地铁乘客想必对绿豆蛙这个动漫形象不会陌生。绿豆蛙是上海蓝

雪数码科技有限公司出品的系列原创动画剧。通过幽默风趣的形象和短小的故事，在"给生活加点料"的同时也给人以启迪。

2009年，更是适时推出系列动画剧《六十年生活变奏曲》，用绿豆蛙动画系列短片的特殊方式为祖国母亲献上一份红色大礼。该系列动画用怀旧的色彩，平常的视角为你讲述一个个温情小故事，炉灶篇、马桶篇、房子篇、风扇篇……这些平常百姓的点点滴滴组成的篇章浓缩为一个个音符，汇聚为一首社会巨变的生活"变奏曲"。那些泛黄的老照片，那些熟悉的物与事更会让你感同身受，绿豆蛙用这样一部系列短片带领大家回到过去，从生活最微小处见证祖国这六十年的巨变。在怀旧温暖的风格下，新剧依然有大量搞笑搞怪的桥段，憨头憨脑的绿豆蛙囧事不断，为乘客派送快乐和笑声。

3.7 地铁电视广告分析

3.7.1 地铁电视广告发展概况

随着地铁线路的日益增加，人们对地铁的日益依赖，地铁广告已经演变成为各大商场和品牌关注的广告对象。近年来，地铁电视广告取得了突飞猛进的发展。

3.7.1.1 市场规模

易观国际《2008年第3季度中国户外电子屏广告市场季度监测》研究结果显示：2008年第2季度地铁视讯媒体广告收入达到0.39亿人民币，环比增长39%，是移动电视领域中增长最快的细分市场之一。易观国际认为，随着各大城市公交特别是轨道交通的快速发展，高油价及停车费用上升导致私车使用成本提高，地铁的便捷快速使人们通过地铁出行将进一步增加，伴随地铁建设成长起来的地铁视讯媒体也将成为移动电视广告市场新的增长点。

下图为 2007 年－2008 年第二季度中国地铁移动电视市场规模。①

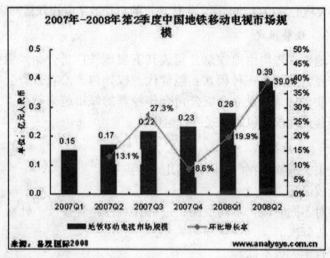

3.7.1.2 战略布局

几个大城市的地铁电视广告经营权基本上都被华视传媒收入囊中。

在北京，2010 年 7 月 15 日，华视传媒宣布获得北京地铁电视未来五年的独家广告经营权。这份与北京北广传媒地铁有限公司签署的协议，包含了所有北京区域线路地铁车厢内和站台上的电视屏幕，每天覆盖 1110 万收视人群。

在上海，2009 年 2 月数码媒体集团（DMG）正式对外宣布，已与上海地铁电视有限公司签订协议，在未来五年内独家经营上海地铁 1－13 号线包括站台及车厢的所有地铁电视广告。当前，上海地铁每天客流量均在 680 万左右，节假日高峰达 700 万以上。到 2013 年预计将上升至每天 900 万。DMG 被华视传媒并购之后，上海的业务也就理所应当地归到华视传媒名下。

在广州，2009 年 10 月 19 日，华视传媒宣布签约广州地铁，获得广州地铁 5 号线地铁电视广告独家代理权。这是华视传媒继代理广州地铁 1－4 号线电视媒体后在广州的又一次成功拓展。此次成功合作后，华视传媒成为广州地铁全部全部线路（1－5 号线）移动电视广告独家运营商。

在深圳，华视传媒 2010 年 6 月 22 日宣布独家代理深圳地铁龙华线（4 号线）视频广告资源。

而在刚刚开通地铁电视的武汉，迅驰广告传播有限公司以 1860 万元的价

---

① 周海泉：《地铁将成为移动电视广告市场新增长点》，http://finance.jrj.com.cn/2008/10/2914132503626.shtml

格获得 2010 年 11 月至 2013 年 12 月共 3 年的地铁电视广告代理权。

在并购 DMG 之后，华视传媒获得该公司所属的 7 个主要城市共计 26 条线路的地铁移动电视广告代理权。华视传媒是目前业内唯一取得北京、上海、广州、深圳四大核心城市移动电视广告代理权的户外数字电视联播网络运营商。

3.7.1.3　经营模式

各城市地铁广告均由地铁总公司或其下属地铁广告公司经营管理。各城市地铁广告经营主要有三种模式：经营代理权外包、设立合资公司合作经营和自营。目前，自营和设立合资公司合作经营的城市越来越少，大部分城市都选择了经营代理权外包的形式进行运作。

3.7.1.4　广告特点

总体看来，地铁电视广告有以下几个特点：

一是投放灵活。

可以针对不同时段、不同线路，进行针对性广告投放。针对平均乘车时长，设定广告频次。

二是广告千人成本低。

相对于传统媒体而言，地铁电视的广告传播所耗费的成本相对低廉。据尼尔森于 2008 年 6 月进行的地铁电视受众收视情况分析报告显示，广告主如需覆盖到同等数量的受众，地铁电视广告的费用仅是普通电视广告的五分之一。

3.7.2　地铁电视广告效果分析

地铁电视广告的效果如何呢？以广州地区为例，根据 CTR、新生代等专业媒体市场调研机构最新的地铁乘客调研，广州地铁电视的各项媒体测评数据如下：[1]

媒体到达率：

如下图所示，地铁电视的媒体到达率高达 96.7%，乘客收看频率高。

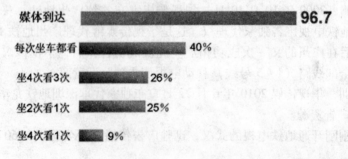

---

① 资料来源：广州地铁电视网站 http://www.mtrtv.com/

关注度：

如下图所示，有91.6%的观众表示会主动观看地铁电视，关注目的主要为了获得更多资讯。

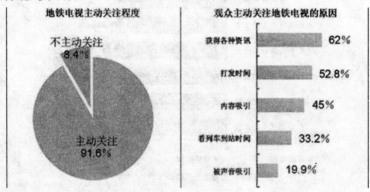

喜好度：

如下图所时，90%的乘客喜欢地铁电视。

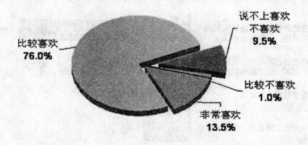

广告效果：

如下图所时，广州地铁电视播出的广告，已经成为乘客信息来源的主要途径，并能留下深刻印象。

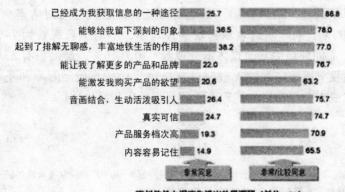

广州地铁电视广告播出效果调研（单位：%）

跨媒体广告比较：

与家庭电视、楼宇电视相比，广州地铁电视的广告播出带给受众更积极、正面的传播效果。

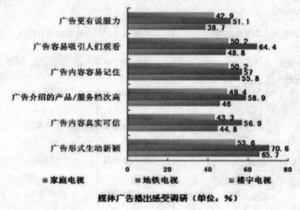

媒体广告播出感受调研（单位：%）

消费触动率：

如下图所示：广州地铁电视对拉动沿线商圈即时消费效果明显，50%乘客对地铁电视上播出的沿线商圈消费信息会积极响应。

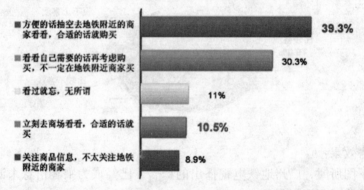

除了广州一地的广告效果调查，易观国际还对全国范围内的地铁电视受众进行了习惯调查，结果显示，在地铁环境中，地铁电视到达率96%以上，最高达到100%，乘客明确表示喜欢这种媒体，平均留意观看为74%，最高达到97%，而同环境中其他媒体留意观看平均为16%，最高只有33%。愿意接受地铁电视上播放广告的人数超过50%，这样的高接触频率和受众喜爱度使地铁电视成为企业和广告代理商不可多得的广告媒体。①

---

① 蔡雅琴、谭建军：《试析地铁电视广告传播路径探讨—基于广州地铁受众群体研究》，《现代商贸工业》2008年第8期

3.7.3　地铁电视广告问题与趋势

问题一：商业广告数量多　趋势：增加公益广告比例

地铁每日穿越都市繁华商业区，数百万以上的日均流量，吸引着众多商家的眼光，无限的商机也让地铁电视不厌其烦重复电播放广告信息，而重复的广告让大部分乘客都感觉难以接受。早在 2006 年，上海市政协的《社情民意》中编录了致公党党员、浦东改革发展研究院院长助理杨周彝的建议《要重视地铁电视的宣传窗口作用》，周彝指出，地铁电视中的商业广告越来越多了，公益广告仅占 3%，这样庞大的面向公众的媒介应该注重体现公益性和服务性。事实上，通常受众不会主动收看广告的，而对媒介的好感却能够自然而然地转嫁到广告和品牌身上。为提高广告传播效果，在竞争激烈的媒介市场，适当增加优秀公益广告的播出对于提升媒介的知名度和美誉度是一个很好的途径。地铁电视公益广告的播放，尤其是与出行人群、市民生活关系密切的公益广告，能够在受众心目中树立起地铁电视自觉承担社会责任的形象，降低商业信息进入乘客心智的门槛，有助于提高地铁媒介的竞争力。[①]

近年来，公益广告的数量有所增加，质量也有了较大程度的进步。例如：2009 年，广东省深圳市地铁列车和地铁站电视屏幕上播放的两则公益广告吸引了不少市民目光：一则《扁鹊见蔡桓公新编》以古喻今揭示预防重于惩治；一则《相同的起点，不同的终点》讲述廉洁与贪欲下两个公务员的迥异命运。两则广告一改过去口号式、灌输式的宣教模式，以古今生动的例子敲响了预防职务犯罪的警钟，得到广大市民的肯定。2011 年春节期间，北广传媒移动电视上播出的一则春节出行提示的公益广告也吸引了不少乘客的目光。该广告用生动的动漫形象，搭配朗朗上口的快板书，提示人们春节出行需要注意的事项，贴心又周到，非常讨巧。

问题二：创意少　趋势：强化地铁特色的创意广告

目前，地铁电视上的大部分广告都是从传统电视上移植过来的，符合地铁电视独特收视环境和收视规律的创意广告数量较少。广告做到无形，植入式是其中的一种形式，但更为高端的创意是广告本身在受众接收时，一种主动去接纳的心态，去享受广告本身。广告的创意对地铁电视媒体的特殊性提出了很高的要求。面对拥挤和嘈杂的地铁，烦躁的心情，有创意的广告不仅不会让人反感，反而会吸引乘客的目光，让他们愉快地接受广告所要传达的

---

① 蔡稚琴、谭建军：《试析地铁电视广告传播路径探讨—基于广州地铁受众群体研究》，《现代商贸工业》2008 年第 8 期

信息。"十月妈咪"的 FLASH 音乐剧,"途牛网"的搞笑对白,"赶集网"真人与动漫的有机结合再加上大家儿时熟悉的儿歌,都收到了很好的传播效果,可以称得上是比较成功的创意广告。另外,植入式的广告典范《晴天日记》,轻轻松松就让星巴克这一品牌深入人心。

问题三:广告商对传播效果存疑　趋势:合理使用收视率调研

在地铁广告推出之初,在频频试水之后,一些快销品广告主抱怨说,在地铁移动电视上投放的广告额度不小,但从实际情况来看,远远没有达到其宣称的效果,大部分的广告费打了水漂。针对广告商对于广告效果的质疑,运营商注重了对于收视率的调研和分析,以给予广告商更好的广告投放指导。

2008 年,数码媒体集团(DMG)公布了地铁电视收视率调研结果。① 此次调研是由尼尔森公司执行的。根据尼尔森公司(Nielsen Company)的地铁电视受众调查的结果显示,DMG 在上海的有效覆盖受众将近 100%,收视率峰值最高可达 16%。

该次调研以上海作为研究地点,周期为 2 周,覆盖到了 DMG 当时运营的 4 条轨交线(上海地铁一、二、三、四号线),共计 4,110 个显示屏。根据尼尔森提供的调研结果显示,DMG 在上海的可覆盖约为 3,058,000 人(十八岁以上),现触达的总人数为 3,055,000 人,触达率将近 100%;收视率在上午高峰时段(7:00 - 9:00)最高可达 16%,而在傍晚高峰时段(17:00 - 19:00)最高可达到 10%。这一地铁收视率调研结果的公布使广告主能精确地预估地铁电视广告的投放效果及回报,更可根据广告长度、周期及频次来推算出有多少目标受众可以看到他们的地铁电视广告。在该报告推出以前,类似的推算只适用于传统电视广告,而在地铁户外数字媒体上尚属首次。

本次调研数据的公布,在业内起到示范作用,使客户能够在整个行业中获取更多更可靠的数据及服务。

问题四:单打独斗　趋势:强化与其它媒体合作,寻求整合影响力

在资源有限、竞争激烈的今天,利用联盟共享资源壮大自身实力,从而实现双赢,已成为当今时代普遍的现象。基于此,地铁电视可以通过考虑与传统媒体或手机移动电视等新兴媒体合作,打造广告媒体共同体。因为覆盖面广,受众到达率也就可以相应的提高,广告价格也就可能随之上去,实现广告传播的最佳整合效果。②

---

① 《DMG 公布首个地铁电视收视率调研报告》,《广告人》2008 年第 9 期

② 蔡稚琴、谭建军:《试析地铁电视广告传播路径探讨—基于广州地铁受众群体研究》,《现代商贸工业》2008 年第 8 期

华视传媒与央视率先成为吃螃蟹的人。2010年10月，华视传媒宣布与央视达成战略合作，搭建了一个"白天户外"＋"晚间室内"的无缝传播新平台。在众多业内分析人士看来，此次央视与华视传媒的资源"联姻"，既是传统强势媒体整合传播模式的探索创新，同时又是优秀新媒体企业健全客户行业门类、实现媒体价值升级的一次重要机遇。当然，地铁电视广告可合作的对象与形式还很多，还需要我们的运营商在实践中不断探索，不断创新。

问题五：单向传播　趋势：启动线下互动活动创建品牌

单向传播的效果不佳是毋庸置疑的。电视、广播、报纸都已经意识到了这一点，通过各种形式的互动来加强与受众的沟通，从而树立自身的品牌，构建良好的广告传播平台。但作为新媒体的地铁电视在这方面反而下的功夫不够。未来，更多的启动线下互动活动，建构自身良好的形象，对于广告商和受众两方面而言都是不可缺失的环节。在这方面做得比较好的广州地铁早在2006年就启动了广州地铁品牌营销活动。①

2006年6月28日，广州地铁电视传媒有限公司成立暨媒体推介会，展示公司CIS，在广州主流媒体首次发布媒体企业形象两个整版的跨版广告。

2006年7月26日——10月7日，2006年广州地铁电视"我爱考拉"长隆香江DV摄影大赛。认知度达到93%，使绝大部分被访者认知到广告中宣传的动物"考拉"，这些都源于地铁电视提供优质广告平台。

2006年11月18日——12月29日，2006年首届广州"最受地铁乘客欢迎的电视广告"评选，由地铁乘客参与评选，既展示了广告的商业艺术，又提供了广告创作的新平台。

2006年12月16、17日，2006年广州地铁电视"城市精英"网球嘉年华，本次嘉年华活动丰富多样，包括展示协作制胜的网球双打项目比赛、东风日产新车试驾体验、PRINCE网球培训、网球技术咨询、器材试打和网球知识问答及抽奖活动。本次活动开创了"网球和试驾"的营销模式。

---

① 资料来源：广州地铁电视网站 http：//www.mtrtv.com/

3.7.4　部分城市地铁电视广告刊例

华视传媒地铁电视广告刊例：

华视传媒户外数字移动电视广告联播网

地铁电视刊例价目

(2010年1月1日起执行)

单位: RMB元/周

城市	线路	频道位置	30秒标准周播套装（每周7天）					
			16次/天	32次/天	48次/天	64次/天	80次/天	96次/天
北京	1,2,4号线	站台,车厢,站厅,换乘通道	420,000	806,000	1,159,000	1,478,000	1,764,000	2,016,000
	5,8,10,13号线八通线	站台+车厢	448,000	860,000	1,236,000	1,577,000	1,882,000	2,150,000
上海	1,2,3,4,5,6,8,9号线	站台,车厢	900,000	1,728,000				
广州	1,2,3,4,5号线	站台,车厢,站厅	350,000	672,000	966,000	1,232,000	1,470,000	1,680,000
深圳	1,4号线	站台	168,000	323,000	464,000	591,000	706,000	806,000
	1号线	车厢	180,000	346,000	497,000	634,000	756,000	864,000
南京	1号线	车厢,站台	83,000	159,000	229,000	292,000	349,000	398,000
天津	1号线,津滨线	车厢,站台	44,000	84,000	121,000	155,000	185,000	211,000
重庆	2号线	车厢,站台	40,000	76,800	110,000	141,000	168,000	192,000

城市	线路	频道位置	30秒标准周播套装（每周7天）		
			192次/天	384次/天	576次/天
香港	机场快线	车厢	220,000	396,000	528,000
	九广直通车(1列)	车厢	赠送12次/天	赠送18次/天	赠送24次/天

非30秒长度的广告按以下比例换算刊例价格

长度（秒）	60	30	20	15	10	5
换算比例（以30秒价格为基础）	200%	100%	80%	60%	40%	30%

注:"北京"地区不支持5秒长度的广告

广告投放说明:

一、各类广告上刊须提供:

1、最新年审营业执照; 2、商标注册证; 3、生产/卫生许可证号; 4、广告上刊物料, 高质广告像利Betacom, AVI, MPG或Flash文件(文件精度要求25帧/秒, 或者720×576像素以上)的格式提供; 5、固定模版"广告发布委托书": 仅限上海、香港广告上刊使用。

二、在所有上述材料齐备的前提下, 各地的上刊准备能力如下: 上海、香港提供15个工作日; 深圳、北京提供3个工作日; 重庆、天津、南京提供5个工作日。

三、各类广告播放形式说明:

1、北京5,8,10,13号线八通线, 均可任意选择开播日期及频次, 不支持插屏播出, 建议改为周周播出; 由于号刊播出影响, 无法达成约定的播出效果, 因可"选择时段播出", 均提供30或30%的费用; "指定点位播出", 指定栏目的正、二; 倒一、二位置; 或在栏目中插播广告, 类30或30%的费用; 插交播广告约规范, 按情况提供10%-30%的折价格。

2、北京2,4号线、上海、深圳地铁车厢、香港、重庆、天津、南京: 均采严格按照对例设计频次播出, 为全天滚动播出, 不支持插屏时段播出; 以播出最小周期为"周", 固定为逢周一上刊, 每周日下刊。

3、深圳地铁站台、广州站台、车厢及站厅: 均采严格按照刊例设计频次播出, 为全天滚动播出, 不支持插屏时段播出; 以播出最小周期为"周", 固定为逢周六上刊, 每周五下刊。

四、深圳户外数字电视华视传媒有限公司, 各城市地铁刊例价格如因线路城市播出时间变更后, 本公司将酌情调整该线路的价格或执行的权利。

3.8 地铁电视发展趋势分析

本文前面对内容和广告等具体环节的发展趋势提出了一些粗浅的认识，这里主要再就地铁电视的总体发展趋势做一点简要分析。

3.8.1 总体趋势——成为移动电视市场下一个增长点

易观国际发布的《中国移动电视市场发展研究专题报告2009》中显示：从2007年第1季度开始到2009年第2季度来看，地铁的份额在移动电视细分市场所占规模比例是不断上升的，无疑，地铁将是移动电视市场下一个增长点。

更为重要的是，全国范围内正掀起一股地铁建设潮，地铁电视终端数量将随着新建地铁的投入运行实现大突破。截至2010年10月，北京、天津、上海、广州、武汉、长春、大连、深圳、重庆、南京、成都等11个城市已有城市轨道交通，杭州、沈阳、哈尔滨、西安、厦门、苏州、青岛、东莞、宁波、佛山、石家庄、郑州、长沙、兰州等33个城市正在建设、筹建或规划中。全国近期规划建设地铁1700多公里，总投资超过6000亿元。2015年前后在全国范围内将建设79条轨道交通线路，总长度2259.84公里，总投资为8820.03公里。北京、上海和广州等地更是在以每年建成40至60公里的速度加快地铁建设。地铁加速建设，意味着地铁电视也将迎来一个毋庸置疑的大发展期。

3.8.2 市场布局——向二三线城市扩张

随着地铁建设在二三线城市的兴起，同时，一线城市的地铁电视资源已经尘埃落定，地铁电视运营商要想取得突破，在市场竞争中占据一定地位，就势必会把关注的目光投向新建地铁的二三线城市。同时，CTR市场研究数据显示，在金融危机影响下，一线城市的居民整体收入、消费增速明显放缓，广告市场也大幅下滑，而二三线区域中心城市继续保持不同程度的增长。潜力巨大的区域中心城市自然会成为地铁电视运营商的下一个重点目标。

3.8.3 广告——费用增加成定局

地铁电视广告价格长期以来一直维持在相对较低的水平，但其广告投入费用提高已成必然。首先，地铁电视广告已经走过了将近10年的市场培育期，已经得到了很多广告主的认可，在受众中的到达率和接受率也不错。运营商与知名市场调查公司合作进行的市场调查也给广告主注入了一剂强心剂。第二，2009年9月公布的《广播电视广告播出管理办法》对电视广告做了更多的限制，使得传统电视广告价格可能上涨10%－30%，水涨船高，这也给地铁电视广告费用的上涨提供了足够的空间；第三，随着行业并购与优胜劣汰，资源更加集中，广告投入的覆盖范围更大，投放效率更高，投放也更加灵活，这也将导致其广告定价的上涨。

3.8.4 品牌化——地铁电视经营和管理的必由之路

地铁电视已经基本完成了跑马圈地，在受众中的接受度和美誉度也有了一定程度的提升，地铁电视要想取得更大的发展机遇必须要在品牌化上下功夫，唯有如此，才能真正赢得受众并且赢得广告商的垂青。

品牌战略的竞争不仅仅体现在前端的产品特色和质量、服务特色和质量、价格、销售效率等营销要素的竞争，而是逐渐深入扩大到管理效率、各种资源（包括人力资源）的利用效率和利用成本，组织应变能力，企业战略的制定和实施效率等等企业综合能力的竞争，因此，媒体的市场竞争策略也越来越和企业经营管理的其他多种要素紧密联系起来。如今，在传统电视市场，品牌化已经是不争的制胜法宝，湖南卫视依靠品牌化的娱乐节目甚至在收视率方面超过了央视。在经营和管理等各个方面实现品牌化建设也必将是地铁电视的发展未来。

3.9 部分城市地铁电视发展简况

3.9.1 北京

北京地铁资源概况：

北京地铁安装终端截至 2010 年 4 月 15 日共计 14,943 台。

下图为北京地铁电视部分终端分布情况[①]。

线路	列车数	车厢终端	站台/站厅	里程	日客流
1 号线	51 列	2448 台	—	30 公里	140 万
2 号线	44 列	2112 台	—	23 公里	115 万
4 号线	40 列	1920 台	668 台	28 公里	80 万
5 号线	39 列	1972 台	324 台	28 公里	78 万
8 号线	3 列	144 台	87 台	4 公里	2 万
10 号线	37 列	1776 台	454 台	29 公里	70 万
八通线	30 列	1080 台	—	19 公里	65 万
13 号线	56 列	2016 台	42 台	41 公里	85 万
小计	300 列	13368 台	1575 台	202 公里	635 万

---

① 《华视传媒地铁电视媒体推介》，http://www.allchina.cn/exchange/zhuanmai/userupfile/Media-attach/newmedia/201096953582155630.ppt

2010 年 12 月 30 日北京地铁新增 5 条地铁线路，即昌平线、15 号线一期、大兴线、亦庄线、房山线等 5 条郊区地铁线路，至此北京已经开通了 14 条地铁线路。新开地铁线路的移动电视终端数量暂时还未有统计数据。

北京地铁电视运营概况：

北京地铁电视的节目源由北广传媒提供，现已覆盖多条地铁线路。北京地铁建设时间较早，在原有已经建成的一、二号线以每辆列车为单元，采用传统的有线电视模式完成信号的覆盖，节目的更新采用大容量 SD 卡多媒体终端替换播出，在 2006 年以后建成的线路采用 WLAN 技术实现多媒体内容的更新。

自 2010 年 8 月 10 日起，北京地铁 1、2 号线的所有车站和列车上开始试播实时传输的地铁电视，每天播出各类节目约 19 个小时，播放时间与列车运营时间同步。

据悉，在华视传媒成功收购上海数码媒体集团 DMG 之后，原先地铁 1、2 号线的移动电视节目内容提供方由 DMG 正式转换为北广传媒地铁电视有限公司，其广告运营由华视传媒代理。目前试播的地铁电视节目内容以北京电视台提供的节目、民营制作公司制作的节目为主，在新闻资讯方面采用自制节目内容，由歌华大厦播控中心进行统一信号传输，每档节目的时长在 3—5 分钟左右，每天复播三次。

目前在地铁电视屏幕播出的节目中，北京电视台提供的《这里是北京》《生活实验室》、光线传媒提供的《娱乐现场》、东方风行传媒文化有限公司提供的《美丽俏佳人》等节目都采用不同的节目合作方式进行操作。目前希望和北广传媒地铁电视合作的内容提供方有很多，各家采取的合作方式不同，经过一段时间的试播，最终会通过调查公司反馈来的数据固定或者取消一些节目。在后期调整中，地铁电视将对一些内容提供商的节目集数、时长、节目中字幕的字体大小等问题进行进一步规范。

北广传媒地铁电视有限公司对于自制短剧等内容还在考虑之中，现阶段的重点是新闻资讯类栏目自制力量的增强。

北广传媒地铁电视有限公司由北京市地铁运营有限公司和北京北广传媒移动电视有限公司共同投资 3000 万元人民币组建。由于地铁 1、2 号线是京城最老的地铁线路，没有预留布线位置和机房，内部线路复杂，改造难度较大，因此之前这两条地铁线路播出的只是上载的录像节目。自 2009 年 5 月起，地铁 1、2 号线开始进行地铁电视施工改造，并在各站台加设电视屏幕。目前，除了北京地铁 4 号线的地铁电视由北京京港地铁有限公司运营以外，其余地铁线路，如 1、2、5、10、13、八通线等的地铁电视均由北广传媒地铁电视有限公司运营，负责地铁电视在站台内屏幕的安装维护以及地铁电视的信号传输、节目的策划、制作、播出。

北广传媒地铁电视的广告则由华视传媒全权代理。

3.9.2 上海

上海地铁资源概况：

受惠于上海世博会的召开，多条新线开通运营，形成 420 公里的运营网络，日均客流达 550 万人次。[1]

上海地铁电视运营概况：

上海地铁电视有限公司由上海申通地铁与上海文广集团下属东方明珠移动电视公司共同组建，项目总投资为 8 亿元，合作双方的投资分为现金（共计 5000 万）和实物资产（7.5 亿元）两部分，东方明珠总投入为 2 亿元，占股份 25%，地铁集团 6 亿元，占股份 75%。

合资公司负责地铁网络内的即时新闻播出。地铁电视的播出时间为每天 6:20—23:00。除了主要发布地铁运营信息之外，节目以新闻资讯为主，辅以公众服务类节目。其中，新闻早、中、晚三次播报，轨道交通站点周边天气预报、周边路况提醒以及突发事件信息及时更新。

2009 年 7 月 5 日上午，上海地铁电视经过近半年的试运营后正式开通，成为国内首家进行直播的地铁电视。在试运营的半年中，上海地铁电视已经播放了有关 2010 中国上海世博会、世博志愿者口号、"小志"在行动等多个宣传世博会的公益片。

根据上海地铁线路发展速度进行估算，到 2010 年，可在地铁站台、站厅和车厢共设置近 1.8 万块液晶显示屏，扣除 20% 其他形式广告的干扰，地铁视频广告所覆盖的有效日客流量可达到 560 万，大致相当于一个中型电视频道的收视率，其年广告收入将在 2.3 亿元到 3.1 亿元之间。[2]

3.9.3 广州

广州地铁资源概况：

广州地铁于 1997 年 6 月 28 日开通。广州地铁由广州市地下铁道总公司负责营运管理，现有 1 号线、2 号线、3 号线、4 号线及 5 号线正在营运中。为解决拥阻的道路交通，广州地铁正在大规模扩建中。从 2004 年开始，广州地铁每年将平均开通 35 公里，到 2010 年亚运会开幕前，广州地铁达到 222 公里

---

① 陆文军：《世博期间上海轨道交通日均客流可达 550 万人次》，《四川日报》2010 年 3 月 20 日
② 李晶：《G 明珠开拓地铁电视业务立体数字电视网络羽翼渐丰》，《第一财经日报》2006 年 8 月 10 日

（包括广佛线广州段）。

按照广州城市轨道交通线网规划，至 2020 年广州建成的轨道交通线路将超过 500 公里，形成包括密集的城区线、快捷郊区组团线和城际线在内的大都市轨道交通网络。

广州地铁电视运营概况[1]：

广州地铁电视传媒有限公司由广州市地下铁道总公司、广东南方广播影视传媒集团两家企业合资组建，注册资金 1000 万元，由地铁总公司控股。广州地铁电视传媒有限公司依托广州地铁的优质户外环境和广东南方广播影视传媒集团丰富的影视制作资源，独家运营广州地铁的电视媒体网络。

2005 年 12 月 26 日，广州地铁电视节目于三、四号线的站台、站厅、列车试播成功。2006 年 6 月 28 日广州地铁电视传媒有限公司成立，地铁电视进入正式运作阶段。2006 年，广州地铁电视传媒有限公司在创办初年即取得了 570 万元的经营收入。[2]

终端数量：[3]

线路	1 号线	2 号线	3 号线	4 号线	5 号线	8 号线
终端规模	2108 台	2422 台	2548 台	927 台	2105 台	1822 台
合计	11932 台					

（数据截止日期：2010 年 9 月）

广州地铁电视的媒体核心价值在广告市场实践中，获得了国内外众多大品牌广告主的一致认可，宝洁、联合利华、可口可乐、百事可乐、索尼、麦当劳、肯德基、NIKE、三星、诺基亚、海尔、中国移动、中国银行……上千条大品牌的商业广告透过电视终端直达乘客心中。来自央视市场研究机构 CTR 的专业媒体调研数据进一步证实，广州地铁电视媒体到达率高达 96.7%，广告主单个品牌广告实现不低于 70% 的广告到达率。

广州地铁电视节目制作注重新闻信息时效性与资讯传递的多元化，每天分早、午、晚三档时间，全线终端实时转播广东台新闻频道整点新闻、央视新闻联播等新闻节目。除新闻版块外全天候放送涵盖体育、影视、娱乐等丰富资讯的娱乐休闲类节目。特别是围绕广州地铁建设、地铁沿线风土人情、与市民生活息息相关的生活小窍门等方面，开办富有广州生活气息，独具广州地铁特色的专属栏目，例如《走出地铁》、《智慧生活》等全新自办栏目。

---

① 资料来源：广州地铁电视网站 http://www.mtrtv.com
② 吴若文：《广州地铁发展初探》，《东南传播》2008 年第 5 期
③ 数据来源：广州地铁电视网站 http://www.mtrtv.com/pages/showcontent2.aspx? catid = 7 | 20 | 45&id = 113

随着广州亚运城市轨道交通配套建设的落成使用，广州地铁电视的媒体资源继续以几何级的增量迅速扩张，电视终端遍布广州 8 条地铁线，250 公里的地铁线网，成为广州整体媒介产业的一股新锐中坚力量。

3.9.4 南京

南京地铁资源概况：

南京目前已开通地铁一号线，一号线全长 21.7 公里，共设车站 16 座，其中地上站 5 座，地下站 11 座，工程总投资近 85 亿元。

南京地铁电视运营概况：

2005 年南京广电移动电视公司获得了南京地铁一号线一期工程的广告经营权，9 月移动 TV 频道正式试播。2006 年 7 月，地铁一号线 20 列运营车辆共安装 960 块 19 英寸的液晶显示屏，地铁沿线的 16 个站点也装上 244 块 42 英寸的等离子显示屏，全面建成了地铁移动电视视讯系统。南京电视视频由南京地铁总公司、南京广电移动电视公司及上海 DMG 公司合作建设经营。在广告经营上，南京广电移动电视公司与 DMG 公司建立了外包式广告总代理的合作关系。目前，南京地铁电视由华视传媒负责经营。

3.9.5 深圳

深圳地铁资源概况：

2004 年 12 月 28 日，深圳地铁一期工程两条线路、十八座车站全线开通。深圳因此成为继北京、上海、广州之后，我国内地第四个拥有地铁的城市。

深圳地铁电视运营概况：

2007 年 7 月 1 日，深圳正式启动地铁移动电视媒体。4 号线地铁的移动电视由华视传媒竞标获得，为了服务更多的深港两地往返的乘客需要，4 号线的电视节目将在移植 1 号线的节目基础上，逐步进行改版，会针对服务北上香港乘客与旅港内地乘客的需要，制作一些特色节目，充分体现港铁的特色，服务两地乘客。除了节目，连广告都将体现深港特色，低端广告内容将逐步被中高端品牌广告所代替。

3.9.6 天津

天津地铁资源概况：

天津地铁 1 号线，25 列车 22 个站 910 块显示屏，日客流量 10 万人次。津滨轻轨 14 个站，72 块显示屏，日客流量 6 万人次。

天津地铁电视运营概况：

DMG 公司通过与天津地铁深远公司合作，取得天津地铁电视视频广告代

理经营权。天津城轨交通运营信息咨询服务有限公司（DMG 数码媒体集团天
津子公司）负责经营天津地铁一号线和天津轻轨视频广告。DMG 在天津地铁
一号线站台上和车厢里安装了近千个 42 寸等离子电视和 17 寸液晶纯平电视。
在天津轻轨站台上安装了近百个电视。

天津地铁 1 号线车内站台统一采用无线网 PIS 系统传播。津滨线目前属于
DVD 播放系统，每小时循环一次。全天播出 16 小时，播出时间：6：00—
22：00。

3.9.7 武汉

武汉地铁资源概况：

武汉已经开通武汉轻轨一号线。十二五期间，武汉轨道交通将加速发展。
从 2012 年起每年有一条新的线路开通。按照武汉市轨道建设规划，2020 年计
划建成轨道交通线路 227 公里，日客流达到 580 万人次，远期建成轨道 530 公
里，日客运量为 1600 万人次。

按照武汉广电与地铁集团的协议，当武汉市轨道交通 12 条线路开通时，
武汉地铁电视将成为一个每天影响 1600 万人的强势媒体。

武汉地铁电视运营概况：

2010 年 7 月 29 日，武汉轻轨一号线开通运营。武汉地铁电视同步开播。
武汉地铁电视由武汉广播电视总台与武汉地铁集团联合开办。目前，武汉轻
轨一号线拥有站厅、列车内的电视显示屏 900 多个。武汉轨道交通一号线列
车运行平均时速大约每小时 45 公里，两站之间仅费时 1～2 分钟。根据地铁
电视的传播规律，武汉地铁电视对各类电视节目进行精加工，节目内容在 1～
3 分钟之间，短小精悍。

2011 年 1 月 28 日下午，武汉地铁集团与武汉市广播影视局（总台）签署
深度发展战略合作协议。根据协议，武汉地铁集团将提供新建成运营的所有
轨道交通线路，武汉广电提供节目内容资源，将节目内容集成优势与轨道交
通的渠道优势有机结合起来；双方建立长期战略合作关系，将地铁电视打造
成一个汇集武汉市公共信息平台、城市应急服务平台、百姓生活资讯平台为
一体的综合资讯服务平台，构建贴近武汉市民、传播力强、影响力大的新型
移动电视媒体，进一步丰富地铁乘客的文化生活，提升武汉地铁的文化内涵
和品位。

3.10　地铁电视发展大事记

2002 年，DMG 在上海开始运营，申通地铁占合资公司 51% 股权，DMG 占 49%。

2004 年 12 月，戈壁第一轮 140 万美元投资 DMG。

2006 年 6 月，DMG 在天津开始运营，合作方为天津市地下铁道总公司。

2006 年 7 月，DMG 在重庆开始运营，DMG 占合资公司 85% 的股份。

2008 年 8 月，DMG 在南京开始运营，合作方为南京广电移动电视发展有限公司。

2007 年 6 月，DMG 获得北京地铁 4 号线视频系统以及广告的经营权。

2007 年 7 月，DMG 在深圳开始运营，合作方为深圳移动视讯有限公司。

2008 年 4 月，华视传媒获得广州现有地铁 1－4 号线及地铁服务站台运营地铁电视广告网络的全国性广告客户的独家授权，至此全面覆盖北广深户外移动电视资源。

2008 年 6 月，DMG 完成对津滨轻轨视频多媒体系统及设备的改造，自 2008 年 6 月 1 日起，正式对该条线路的视频媒体网络进行运营。

2008 年 6 月，DMG 数码媒体集团在上海与思科系统（中国）网络技术有限公司签订谅解备忘录，将在列车运行实时控制和综合信息管理最优化、统一通信和无线通信、地铁乘客服务等方面展开深入合作。

2008 年 6 月，DMG 与新华财经传媒（XFML. Nasdaq）达成协议，后者为 DMG 数码频道、频道节目和公司本身提供品牌形象包装服务。

2008 年 7 月，DMG 公布首个地铁电视收视率调研报告（Nielsen），收视率峰值最高可达 16%（样本为地铁人群）。2008 年 7 月，DMG 公布首个地铁电视收视率调研报告，收视率峰值最高可达 16%。

2008 年 8 月，东方明珠（集团）股份有限公司与申通地铁资产经营管理有限公司合资成立上海地铁电视有限公司。

2008 年 10 月，华视传媒签约上海地铁 6 号线独家代理协议，至此拥有上海 6、8、9 三条地铁线资源。

2008 年 11 月，华视传媒签下北京地铁 5 号线、10 号线、奥运支线广告代理权。

2009 年 1 月，华视传媒与北京地铁续签 13 号线、八通线电视广告网络合同。同时，从 2009 年 1 月 1 日起，运营 5 号线、10 号线、奥林匹克公园线的电视广告网络。

2009 年 2 月，戈壁基金和橡树资本继续向 DMG 追加 3000 万美元的投资，同时 DMG 还宣布耗费 7 亿元人民币获得上海地铁未来 5 年包括车站和车厢内的视频广告经营权。

2009 年 6 月，华视传媒宣布与广州地铁电视传媒有限公司的广州地铁电视广告代理合同范围扩展，在 2008 年 4 月获得全国性广告业务独家代理经营权的基础上，新增了广州区域客户广告业务独家代理权。此外，此次签订的合同中也同时提高了华视传媒所代理的广告时间，从原来的 6 小时/天增加至 8 小时/天，合同有效期至 2011 年 4 月。

2010 年 2 月，广州地铁电视启用每日准点直播模式，每天早、午、晚三档时间直播广东电视台新闻频道整点新闻栏目，新闻资讯的时效性与权威性全面提升。

2010 年 8 月，北广传媒地铁电视试播，乘坐地铁出行的市民可以通过地铁电视终端实时收看最新电视节目。

2010 年 10 月，华视传媒宣布与央视达成战略合作，搭建了一个"白天户外"＋"晚间室内"的无缝传播新平台。

第四章　列车电视

4.1　列车电视概述

4.1.1　列车电视的概念

列车电视是列车闭路电视的简称，顾名思义就是在列车上运行的电视节目与广告系统。

有研究者把列车电视界定为一种在多屏混媒时代中产生的新兴媒体，一种负载着外部性的公共精神产品，一种颇具广告投放价值而又不限于广告传播的媒介。[①]

在作为公共精神产品方面，列车电视体现出三大特征，即：第一，列车电视具有非排他性，电视液晶屏安装在火车车厢内，每位乘客都能观看，并不排斥其他人的同时观看行为；第二，尽管列车电视面向的是出于列车车厢环境中的同一受众群，受众中的个体却有着不同的信息服务需求，其差异性构成了对这一媒介产品实际消费和使用上的竞争；第三，由于列车电视通过列车这一公共交通工具进行传播，面向广大的受众群，传播内容又涉及到除广告之外的其他综合信息服务，因而具有广泛的社会功能和效益。[②]

在作为广告媒体方面，事实上，列车电视在传播形态上与"分众"的楼宇电视如出一辙，但列车电视并不以广告媒体自居。这是因为一方面，在列车电视的传播内容中，不仅仅有广告，新闻资讯、娱乐影视、生活服务等其他内容占有更大的比例；另一方面，由于其公共化的传播渠道、传播环境等因素，决定了其需要承担相应的社会责任，过分强化其广告媒体的属性不利于其发展。

4.1.2　列车电视产生背景

4.1.2.1　环境媒体大发展

传媒发展的新时期，各种各样的环境媒体引起人们特别是广告商的注意，路牌、霓虹灯、电子屏幕、灯箱、气球、飞艇、车厢、大型充气模型，环境

---

① 戴懿：《我国列车电视发展现状及前景研究》，华东师范大学 2009 年硕士论文
② 戴懿：《我国列车电视发展现状及前景研究》，华东师范大学 2009 年硕士论文

媒体可谓无孔不入。特别是各类交通工具取得大发展之后，各种招贴画、免费报纸、电视等纷纷入主交通工具。列车电视就是在这样的大背景下诞生的。最开始，是各种宣传产品和企业形象的招贴画、桌布等平面广告出现在了列车上，之后，随着电视行业的大发展，列车电视以其丰富的内容和表现形式获得发展机遇。

4.1.2.2 铁老大迎来发展的春天

"铁老大"这个词形象地说明了铁路在我国交通事业中的地位，铁路作为重要的基础设施、国民经济的大动脉，以及大众化的交通工具，在国家综合交通运输体系中举足轻重。随着社会的进一步转型、经济的迅速发展和城镇化脚步的加快，铁路将负载起更多的公共服务功能。特别是自 1997 年 4 月 1 日以来的六次大提速，把我国的铁路建设带入了一个升级换代突飞猛进的现代化高铁时代，铁路运输线更为丰富，乘坐环境大为改善，列车所提供的乘坐条件正日益满足着乘客们的不同需求。而在诸多需求之中，乘客们在旅行中的信息需求也开始彰显，列车电视在这样一种情况下应运而生。

4.1.2.3 资本的利益驱动

资本具有天然的逐利性，随着近年来我国传媒市场的逐渐开放，资本也在传媒这个市场上积极寻求发展的契机。作为一种新兴媒体，列车电视的良好发展预期对于资本充满了诱惑力。资本的注入也为列车电视的起步和发展打开了局面，设备投入、终端拓展、内容集成，都依托资本的力量得以迅速发展。

4.1.3 列车电视发展现状概述

列车电视的发展受到各种外界因素的影响，诸如媒体定位、政策限制等都在一定程度上影响着列车电视的发展。相比公交电视、地铁电视在全国范围内的大发展和激烈而又残酷的竞争环境，列车电视领域的发展稍显缓慢，竞争者数量有限，竞争态势相对简单。

目前，占据我国列车电视市场份额最大的是鼎程传媒，占总体份额的85％以上。鼎程传媒在全国 500 多辆空调列车上安装了 75,000 个液晶电视屏，覆盖 31 个省/自治区/直辖市，500 多个经济活跃城市，每天覆盖 160 多万人次，每年覆盖超过 6 亿人次。在铁道部的支持下，鼎程传媒已经与全国全部路局和 2 个分局签订了列车视频运营委托协议。绝对的市场份额占有率对价格具有更强的控制能力，导致行业的进入壁垒进一步提升，列车电视广告细分市场呈现单寡头垄断格局。鼎程传媒的全国布局如下图：①

---

① 数据、图片来源：鼎程传媒官方网站 www.umholdings.com.cn

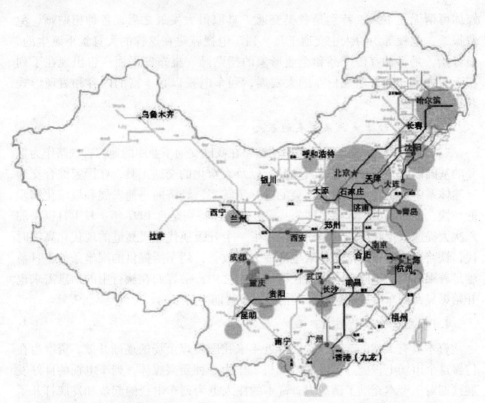

除了鼎程传媒外，兆讯传媒、纳讯科媒等也占有一定的市场份额。另外，铁道部下属的铁道影视音像中心创办的"中铁列车电视"也负责全路动车组、进藏旅客列车、直达特快列车等铁路高端客运产品的列车电视节目统筹、审查、制播。

4.1.4 列车电视的特点

4.1.4.1 拥有超大规模的移动受众群体

根据铁道部网站上公布的数据显示，在我国，列车是 69.9% 中国人出行的交通工具。据统计，2003 年全国铁路乘客的数量为 13 亿人次，而到 2010 年，仅仅是为期 40 天的春运客运量就超过 25 亿人次。2011 年，根据交通运输部提供的预测数据，春运期间全国道路旅客运输量将达 25.56 亿人次，日均 6390 万人，同比增长 11.6%。如此庞大的乘客数量构成了列车电视的超大收视人群。使得我国的列车电视成为拥有超大规模移动受众的特殊媒体。

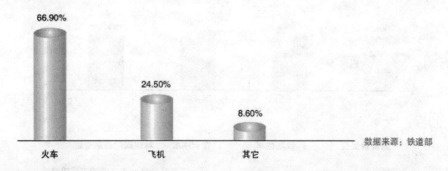

数据来源：铁道部

基于列车空间独特的环境特点、人们出行时的心理和行为方式特征等因素，列车电视在传播过程中呈现出长效传播、"输液式"传播、松弛传播、可变传播等模式特征。陈刚教授在其文章《列车电视——深度传播创造营销价值》中对此有过详细论证，概述如下。

4.1.4.2 具有长效传播特性

列车电视相对于其他户外媒体，具有较长时间与受众接触的可能性，为品牌的深度营销，甚至为品牌的基础建设提供了可能性。根据新生代的调研结果，空调列车乘客的乘车时间平均 11.52 小时，大大超过公交电视、地铁电视、航空电视等交通工具移动电视，在收视时长上优势明显。

4.1.4.3 具有输液式传播特性

列车是一个相对信息稀缺的封闭空间，在这样的空间里，信息的汲取往往成为受众的主动行为，一个具有声光冲击力的电视媒体的出现，必然能获得受众的高关注度，也将成为受众获取信息的主要渠道。

根据 CTR 提供的数据，受众在列车内停留的平均时间是 11.52 小时，一个乘客平均收看列车电视的时间约为 7.8 小时。如果我们以一个都市人口的生活形态出发，按一个城市居民每天收看电视 3 小时，现在可选择的频道按照 40 个计算，那么一个城市居民收看一个频道节目的时间平均是 4.5 分钟，这也就意味着乘客在列车上收看列车移动电视的时间是城市居民在家中收看一个频道的时间的 153 倍。[1] 这么长的时间就为企业与乘客的沟通创造了非常好的平台，在频次足够、广告创意满足基本要求的情况下，到达率突破 90%，广告识别度突破 80%。[2]

---

① 欧阳国忠：《有效传播是媒介的核心竞争力》，http：//news. sohu. com/20050322/n224805390. shtml

② 数据来源：CTR 央视市场研究，引用自鼎程传媒官方网站 http：//umboldings. com. cn/Spread-value/show. php? lang = cn&is = 17

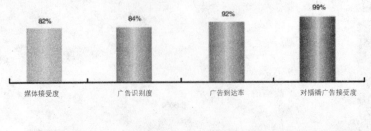

媒体接受度　　广告到达率　　广告识别度　　对插播广告接受度

数据来源：CTR（央视市场研究）

4.1.4.4　具有松弛传播特性

松弛传播，由于与外界暂时隔离，受众往往会在短时间内放松下来，而在一个相对较长的时间内具有松弛的心理状态，在这样的心理状态下，信息到达的效果会更好。根据 CTR 的调查数据显示：82% 的乘客对列车视频持接受态度。93% 的乘客对节目内容非常关注。

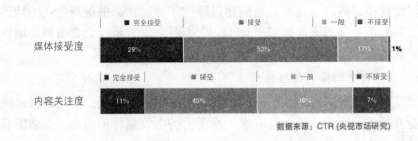

数据来源：CTR (央视市场研究)

数据来源：CTR（央视市场研究）

4.1.4　列车电视技术关键词

4.1.4.1　关键词一：有线闭路电视传输方案

列车电视系统由七部分组成：数字视频服务器、视频发布系统软件、视频直播服务器、播控工作站、机顶盒、调制器、混合器。其示意图如下：

1、列车广播室设置视频服务器、直播服务器（可选）、视频制作工作站等系统后台核心设备。

2、普通液晶电视显示终端利用列车闭路电视网传输视频信号，其优点是操作简便，性能稳定，在多台终端播放同一套节目系统造价低。

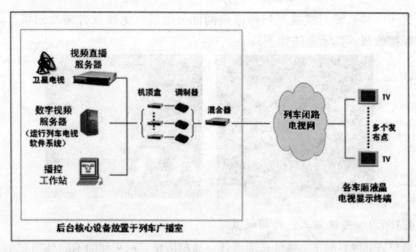

4.1.4.2　关键词二：无线网传输方案

无线网络传输方案基于列车电视系统的特殊性，如车厢间无法实现布线，列车电视系统在高速运动中工作等。

列车电视无线视音频传输系统示意图如下：

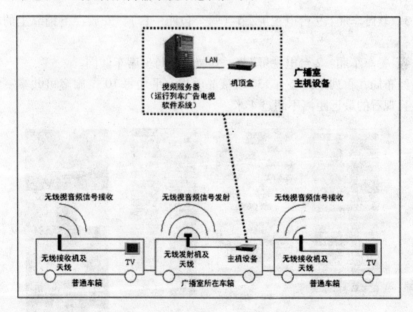

列车电视系统无线视音频传输由两部分组成：无线视音频发射机、无线视音频接收机，其示意图如下：

4.1.4.3 关键词三：终端设置

数字液晶屏是列车电视的传播载体，鼎程传媒根据车厢的不同环境和车上的座位类型，把17或19寸的彩色液晶屏安放在相应位置，大致可分为四种：

1、坐席车厢：6—8台，安装在与行李架基本齐平的车厢上方空间；

2、硬卧车厢：n台电视屏/节（每个包厢一台），安装于与中铺靠上的靠窗位置；

3、软卧车厢：9台电视屏/节（每个包厢一台），安放在下铺靠上的靠窗位置；

4、餐车车厢：2台电视屏/节，安装位置与坐席车厢同。

经布局，每列车约装有130块液晶电视，平均每10位旅客可共享一台电视，且观看的最远距离不超过4米。①

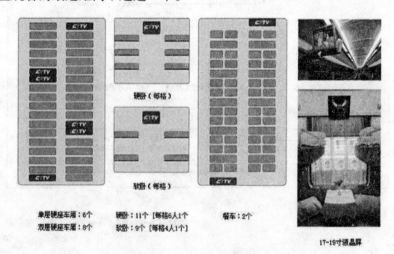

单层硬座车厢：6个 硬卧：11个［每格6人1个］ 餐车：2个
双层硬座车厢：8个 软卧：9个［每格4人1个］

17-19寸液晶屏

---

① 数据来源：鼎程传媒官方网站 www.umholdings.com.cn

这一布局使列车电视呈现出与传统电视截然不同的传播环境，在客观上影响着乘客们的观看行为。首先，固定座次决定了乘客们观看电视的距离远近不一；其次，靠窗、靠走廊等不同位置又造成了观看角度的差别；再次，车厢作为公共空间容纳了较多噪音，电视伴音音量得不到突显。

但是，随着我国铁路运输产品线的日渐丰富和高速铁路的迅猛发展，列车电视的传播环境在某些新型号的列车上也正在悄然改变，显现出一种强调私人空间、重视个性化需求、向传统电视传播环境靠拢的倾向。以2008年12月21日正式开通的从北京开往上海的D301次CRH2型大编组动车组为例，该动卧列车每个卧铺包厢有4个铺位，配备了4个15英寸液晶电视，安装在每个铺位的床尾，和乘客正躺在铺位上时的视线基本齐平，床头还设有调控板供乘客调节音量和选择频道。

4.1.4.4 关键词四：列车视频点播系统

本系统由视频服务器、网络设备、机顶盒三部分组成，具有以下功能：

1、视频点播（VOD）

支持数上千个并发用户的点播请求，每个用户均可点播相同的或不同的节目，并可快进、快退、暂停、声道切换等。

2、综合信息服务

服务指南：如列车服务项目介绍、服务方式介绍、服务特色介绍、列车设施及场所介绍、周边环境介绍等。

其他：天气预报、列车时刻、沿、途城市介绍（风景名胜、特色介绍、旅游交通……）

3、滚动字幕

不管旅客在看什么节目，管理人员都可以随时插入字幕。

4、新闻资讯

服务器通过无线上网，可远程更新新闻信息。

5、扩展功能：

闹钟提醒、呼叫服务、可视电话等。

4.1.4.5 关键词五：技术保障

由于运行时间长，范围跨度大，列车电视的技术维护显得分外重要，需要运营商花费不小的人力、物力、财力去做好这项工作。领头羊鼎程传媒在全国拥有200多人的保障队伍，总部在北京，分别在上海、广州、成都、南宁、南昌、长沙、哈尔滨、青岛、温州等城市设置了工作服务站。每天上车更新节目、检修设备，定期维护和保养，保证列车电视的良好运行。

4.2　我国列车电视的发展路径

4.2.1　萌芽期：列车闭路电视时代

时间：上世纪八、九十年

列车电视并不是最近几年才出现的新生事物，从一个广义的视角来看，上世纪八九十年代在全国若干线路上运行的闭路电视是现今列车电视的雏形。据相关资记载，我国第 1 列客车闭路电视安装在北京至上海 13/14 次特快列车上，于 1984 年 9 月 28 日正式开通运行。至 1987 年，京沪、京广、京哈、京乌、京兰、京成等铁路主要干线上 28 对旅客列车安装了列车闭路电视。①

铁道部于 1996 年成立铁道影视音像中心，2001 年重组，是代表铁道部从事影视音像节目采编播及制作发行的事业法人单位。下设办公室、新闻部、专题综艺部、党员电教部、技术部、计划财务部、铁道部机关有线电视站等部门。具有采编制作铁路新闻、党课教材、专题综艺节目；负责全路电视联网、列车广播电视、部机关有线电视网的节目统筹与制播；负责全路党员电化教育和职工培训音像教材的制作发放；负责全路影视系统的协作、交流；以中国铁路有线电视台的名义对外开发经营等基本职能。②

但当时的列车闭路电视只是在个别车次上试运行，并没有大规模展开，同时，当时的闭路电视基本上沿用录像播放的形式，严格来讲，并不是现代意义上的列车电视。

4.2.2　起步期：广源传媒一家独大时代

时间：21 世纪初

在我国，真正现代意义上的列车电视的实践开始于 2002 年。2002 年 11 月 8 日晚，在由厦门开往北京的 K308 次列车上，旅客们兴致勃勃地通过悬挂在车厢两端的超薄液晶电视机收看十六大新闻节目，这标志着中国国产最新最先进的可以实时接收电视新闻的列车电视系统研发成功并正式运用。福州新时速广告有限公司独家经营福建省首列豪华旅游商务列车的电视广告。列车装备有最先进的车载卫星接收系统，车厢内每组均配备新型的液晶电视，可接收央视新闻及自办栏目。

---

① 蔡尚伟：《列车电视与"制造媒体"》，《中国电视》2005 年第 12 期

② 资料来源：铁流网 http://www.tieliu.com.cn/hyzl2/2006/200606/2006 - 06 - 27/20060627111343-3415.html

　　成立于 1999 年的浙江广源网络传媒有限公司（简称广源传媒）首先在技术和设备上对列车电视进行大力改造，自主研发了列车移动电视技术并获得了国家专利，并由此树立了行业标准，2003 年，广源传媒获得了广电局授权颁发的《车载电视播放广播电视节目许可证》和《广播电视节目制作经营许可证》，成为国内唯一一家列车车载电视（CTTV）试点企业。

　　到 2007 年，在铁道部和全国各铁路局的大力支持下，广源旗下的中国列车电视（CTTV）获得长足发展，其 300 列空调列车贯穿全国 100 多条客运主干线路，覆盖全国 26 个省、自治区和直辖市，拥有全国 80% 以上的列车资源，已安装广源传媒列车电视的列车途经全国 70% 的铁路线。列车电视装车数量超过 4 万台，日覆盖旅客 50 万人次，年覆盖旅客 1.85 亿人次。[①] 广源传媒还在北京、上海、重庆、广州、成都等全国二十多个大中城市设有服务机构，发展成为集投资、开发、影视节目制作、发行、车载电视播放及广告经营为一体，专业从事铁路列车电视、专业收费电视、互联网、网吧连锁店、报纸、广告的传媒机构，号称全国最大的移动媒体。

　　在短短几年时间里，广源传媒及其运营的中国列车电视获得新经济企业奖、中国百强户外媒体供应商、中国新锐营销平台 TOP10、中国最有投资价值传媒机构、十大最具投资价值视频新媒体等称号。广源传媒作为国内最大的列车电视运营商的地位在相当长一段时间内无人能撼。与此同时，广源传媒的精彩表现也使得列车电视吸引了众多投资者、乃至竞争者的加入，这个新的媒体形式的市场影响力得以大大提升。

4.2.3　发展期：亿品传媒后发制人与广源传媒形成双寡头时代

　　时间：2006 年至 2008 年

　　2002 年，亿品传媒集团成立，宣告由广源传媒独领风骚的时代结束，市场格局进入新的历史时期。

　　亿品传媒原为海归人士在中关村创建的以开发信息系统集成核心技术为主的服务公司，之后凭借专利技术成为铁道部铁路旅客信息服务系统提供商。作为中国新媒体行业的代表，亿品传媒革命性地创造了将科技和传媒完美结合的全新商业模式，并在清华大学、中国传媒大学均设立有联合研究中心。2005 年度获中关村海归创业 50 强企业称号，多次被 CCTV、《福布斯》、《经济观察报》等高端媒体报道。公司在北京、杭州、福州等地设有分公司，拥有自己的影视制作中心和技术研发中心，并在全国 10 多个城市设有办事处。2006 年，亿品传媒提出铁路动众媒体的概念。

---

① 《中国列车电视——广源传媒》，《广告人》2007 年第 12 期

作为中国新媒体的佼佼者之一，亿品传媒在成立的 4 年中迅速发展，频频获奖，例如：亿品传媒集团董事长李峰获得"2006 中国十大新媒体人物"大奖；在 2006 年，该公司获得了由广告主杂志社及中央电视台共同颁发的"金远奖 2006 年度最具发展潜力媒体奖"、中国报业网的"新媒体十佳"、首届中国北京国际创意文化产业博览会的"2006 中国十佳最具投资价值创意新媒体"及"2006 中国最具投资价值新媒体大奖"等。

仅仅用了 5 年时间，截至 2007 年底，亿品传媒的媒体网络已经覆盖了华北、华东、华南、华中、西北、东北等重要经济、旅游区域的 500 多个大中小城市。每天通过 400 余辆列车、近 5 万块液晶屏，超过两万块海报板，为 6 亿多旅客提供优质的音乐、体育及影视类节目和视听享受。其在列车电视市场的份额竟然超过广源传媒 7 个百分点。亿品传媒的成功宣告双寡头时代的来临。

2008年第1季度中国列车液晶广告市场份额

来源：易观国际2008　　　　　　www.analysys.com.cn

4.2.4　鼎程传媒的新寡头时代

时间：2008 年 5 月起

2008 年 5 月，占据市场总体份额将近百分之九十的两家，广源传媒与亿品传媒正式合并，宣告鼎程传媒成立。鼎程传媒是唯一得到铁道部认可的集视频及户外大屏于一体的铁路整合型媒体，其技术平台是铁道部"铁路信息化总体规划" 38 个子系统之一的"铁路旅客信息服务系统"，已通过铁道部的技术评审，是铁道部列车电视行业准入技术标准的实施机构，是全国唯一一家拥有列车电视节目制作经营和播放许可的传媒集团。

合并后，双方实现了渠道资源、内容资源、业务框架以及组织结构的全面整合。在这一并购事件之后，国内列车媒体市场又出现了鼎程传媒一家独大的新的市场格局。

在渠道方面，通过整合，鼎程传媒霸主地位非常稳固。以下数据可以说明其地位：合并之初，鼎程传媒在 500 多列空调列车上安装了液晶电视，共计约 75000 个电视屏，跨越 31 个省、自治区和直辖市，遍布 500 个经济活跃城市，每日覆盖近 150 万人次，年覆盖达到近 5.5 亿人次。经过几年的发展，截至 2010 年底，成功实现在全国 620 多辆空调列车上安装 80000 个液晶电视屏，覆盖 31 个省/自治区/直辖市，500 多个经济活跃城市，每天覆盖 190 多万人次，每年覆盖超过 6.8 亿人次。

在内容方面，之前的广源传媒拥有《车载电视播放广播电视节目（试点）许可证》和《广播电视节目制作经营许可证》，具备独立制作和播出影视节目的资质。而亿品传媒则在内容采购、集成，利用市场化手段整合资源方面拥有经验。二者整合后，节目形式、内容和数量都更加丰富。

在业务框架方面，广源传媒所打造的"中国列车电视"品牌得以保留，并被作为新公司的核心业务。同时，原亿品传媒旗下的平面媒体、列车备品以及车站候车大厅电视大屏等媒体被收编，鼎程传媒将自身定位于"中国最大的列车媒体运营商"，突破列车电视的单一业务框架。

在组织结构方面，由原亿品传媒的董事长李锋出任新公司的董事长，而主要运营团队将由李平带头，李平为原广源传媒 CEO。新公司在北京、上海、广州成立三个营销中心、大客户中心和渠道管理中心，并从这三个中心涵盖全国业务的开展。

广源传媒与亿品传媒的合并很好地向世人展示了什么是 1+1>2。整合的效应远远大于竞争的效应。列车电视步入鼎程传媒时代。

4.2.5　兆讯传媒——开拓列车电视外延市场新时代

时间：2007 年至今

就在大家把关注的目光集中在鼎程传媒身上的时候，另一家传媒公司却在列车电视的细分市场默默地积蓄力量，随时准备一鸣惊人。这就是致力于火车站视频市场的兆讯传媒集团。

兆讯传媒集团创立于 2007 年，用一年时间，覆盖全国铁路站点、形成垄断媒体——全国火车站电视广告联播网。目前，兆讯传媒的媒体网络已遍及全国 30 个省级行政区、450 座城市、近 500 座火车站。

兆讯媒体在媒体形式上有三种，视频媒体传播，电子海报传播，以及 42 寸电视与电子海报相结合的电子一体机。视频与电子海报相辅相成，在传播上互为辅助，从而实现 1+1 大于 2 的媒体传播价值。

在内容提供上，会针对诸如圣诞节等特殊的日子，提供圣诞节专题等时节性很强的内容。而在热门电影上映的时候，也会结合电影公司，制作一些诸如电影海报等形式的广告来进行宣传。兆讯在媒体传播方面，更趋向于娱乐化和人性化。

节目迅速、精彩、多元，与新华社（新华纵横、新华快讯）、CCTV 等合作，内容涵盖新闻、体育、娱乐、气象及即时新闻快讯。让旅客随时掌握最新资讯，轻松度过候车的无聊时间，在封闭的环境里，转化被动强迫收视为主动兴趣观看。

在覆盖上，兆讯传媒以京津地区、长三角、珠三角为核心，依托贯通全国的铁路网络，截至 2008 年 7 月已经在全国 454 个车站于售票处、候车室、进出通道、接送站口等旅客必经之路，密度安装了 6621 台电视和数码电子海报等媒体，覆盖包括乘客、买票、送站、接站等人群，年覆盖可达 20 亿人次。针对空间、人群，利用高科级方法，分众推出全国火车站电视联播网、全国火车站 D 车候车室商务电视联播网、全国火车站数码海报联播网三大传播平台，充分渗透全国经济重点城市和最具商业价值的二、三级城市。

日前，兆讯已赢得通信、快消品、金融、医药、烟草、旅游、家电、化工等领域广告主，如中国移动、中国邮政、工商银行、华夏银行、中国体彩、茅台酒业、金六福、浏阳河、蒙牛乳业、光明乳业、汇源果汁、海信、青岛啤酒、山东泰山、红塔集团、忠旺集团、上海大众、雅倩、半边天药业、青岛旅游、大连旅游、内蒙古旅游、联合利华、宝洁、爱国者、金立手机等。

随着兆讯在业界的影响力增大，相继获得 2009 年 10 月南宁国际广告节获得"新媒体十大领军品牌"荣誉。兆讯 2010 年提出的"传播内容精品化、广告形式增值化"的经营战略，一举赢得 2010 创新论坛评委会颁发的"最具创意价值"奖。

除兆讯传媒外，纳讯科媒也是不容忽视的新的市场竞争力量。

纳讯科媒国际有限公司为香港著名媒介开发运营商，主营数字电视媒体网络业务。2004 年注册成立内地全资子公司——纳讯科媒资讯（深圳）有限公司，携手联合广铁集团开展铁路系统数字电视媒体业务，创建"中国铁路客运信息电视系统（简称 TSTV）"，即基于中国铁路客运系统的火车站候车室、用餐区、出入通道、卡口等显要位置（按照旅客停留、座卧方位和浏览习惯，严格设置）安装大型液晶视频（42－50 英寸）终端的火车站电视媒体。运用高端电子网络操控技术串联构建的 TSTV 系统运行稳定、干扰度低、操作灵活，受众锁定率高，是快节奏高实效的多元化综合性资讯平台。作为新兴媒体代表之一，TSTV 着眼未来趋向越来越规范化的商业环境，整合媒体资源的内容、形式、技术平台，不断细分、创新市场业务形式，以求为企业品牌、产品宣传提供精确、专业化的定制性广告投放服务，打造一流的市场沟通信息平台。

TSTV 网络目前已覆盖广东和湖南两省一、二级城市主要站点，250 余块电子演示屏幕。由于城市资源配置的局限，商业、经济越发达，人口流动也就越频繁，代表国内主力消费大军的人群多有选择乘坐火车为城省际出行交通方式，TSTV 亦随着火车站点网络日渐铺扩完善，预计将影响超过十亿以上的境内人口。

TSTV 目前在播信息频道主分为综合广告、畅游天下、电影娱乐、天气预报、IQ 问答和公益宣传几大类。在播和即将播出的栏目主要有《购物知多D》、《食情聚意》、《影视快车》、《畅游天下》、《城市气象站》、《广东新闻》等。

兆讯传媒、纳讯科媒、高铁广告等新的市场竞争者对列车电视市场资源发起了抢夺式的进攻。在分散注意力资源、抢夺广告商资源、争夺投融资资源方面都给传统的列车电视鼎程传媒带来不小的压力。

4.3　列车电视发展促进因素

4.3.1　促进因素一：国家重视铁路建设投资

改革开放以来，国家在铁路建设上的投资与日俱增。据官方统计，2007年我国铁路建设投资达 2492.7 亿元，是 1978 年的 75 倍，2008 年、2009 年铁路投资额继续呈爆发式增长态势，后续年份的投资额也将持续攀升，以 2002年为起点到 2008、2009、2010、2020 年，全国铁路基础设施建设批复项目的规模分别达到了 2 万亿、3 万亿、4 万亿和 7 万亿，我国在交通领域的投资重心正渐渐从 20 世纪 90 年代以公路基建投资为主向以铁路投资为主转移。① 十

---

① 国家统计局综合司：《改革开放 30 年报告之十二：交通运输业实现了多种运输方式的跨越式发展》，中华人民共和国国家统计局网站，http：//www. stats. gov. cn/tjfx/ztfx/inggkf30n/t20081111402515738. htm，2008 年 11 月 11 日

一五期间，为促进国内流通更高效，国务院批复铁路建设投资 2 万亿。铁道部新闻发言人王勇平说："铁路新项目的投入，是拉动经济增长的重要亮点"。铁道部总工程师何华武说："如果说 1998 年亚洲金融危机国家采取的是以公路基建投资为主拉动内需，那这一次会以铁路投资为主。"

2011 年 1 月 4 日，全国铁路工作会议召开。会上透露，2011 年我国高速铁路运营里程将新增 4715 公里，总里程将突破 1.3 万公里，初步形成覆盖面更广、效应更大的高铁网络。京沪高铁将于 2011 年 6 月通车。2011 年全国铁路安排基本建设投资 7000 亿元，新线铺轨 7935 公里，复线铺轨 6211 公里，新线投产 7901 公里，复线投产 6861 公里，电气化投产 8800 公里。其中京沪高速铁路贯穿北京、天津、河北、山东、安徽、江苏、上海 7 省市，连接环渤海和长江三角洲两大经济区，线路自北京南站至上海虹桥站，新建铁路全长 1318 公里，全线共设北京南、天津西、济南西、南京南、上海虹桥等 24 个车站，是世界上一次建成线路里程最长、标准最高的高速铁路。

另外，根据国家《中长期铁路网（调整）规划》，中国铁路将建成四纵四横客运专线和九大城际客运系统为骨干的高速客运网，2012 年上线运行的动车组将达到 800 列以上，2015 年上线运行的动车组将达到约 1000 列，届时动车组视频媒体受众将达到约 9 亿人次（年）。

4.3.2 促进因素二：网运分离为列车媒体整合运营扫清障碍

自 2005 年 3 月起，我国铁道部开始了铁路局直接管理站段的体制改革，正式实行网运分离，在哈尔滨、呼和浩特、上海、柳州、兰州、武汉、沈阳、郑州、广州、成都、乌鲁木齐、太原、北京、济南、南昌、昆明和西安等 17 个地区设立铁路局，这又为今后铁路媒体的进一步分区和整合运营管理扫清了障碍。

4.3.3 促进因素三：列车技术发展日新月异，舒适度极大提升

随着资金的大量投入、技术的全方位改造和铁路系统服务营销意识的提升，铁路运输难、服务落后的状况将会得到彻底转变，伴随着历次大面积提速推出的快速列车、城际列车、旅游列车、动车等运输产品为乘客提供了多样化、个性化和多层次的服务。

以 2011 年初开通的成都至北京、上海的 CRH1E 型卧铺动车组为例，其航空化趋势非常明显，人们出行的舒适度大大提升。该卧铺动车组的软卧包房设有 4 个铺位，床铺比普通列车的硬卧宽 10 厘米左右。高级包房则只有 2 个铺位，分成上下铺，同时配备沙发、衣柜等，车厢还配有 1 个会客厅。所有包房内设置了独立采暖和灯光控制屏，可独立调整客室采暖温度和灯光亮度，还配有一次性拖鞋、耳机等。包厢内为每位乘客配备耳机和可自主选择节目的视频娱乐

系统；高级软卧车配备了 VIP 会客室，方便乘客休闲和商务会谈；软座车每车配备了 8 台车载电视，所有方位的乘客看起来都很方便。卧铺动车组在每个包厢、硬座车厢包括餐车都配有电视多媒体系统，并安装有 220v 电源插座，方便旅客在车上使用电脑、手机充电。每节卧铺动车组车厢，都配有坐式、蹲式卫生间各一个。洗手间很宽敞，还有独立洗漱池、真空集便器等人性化设施。舒适度的极大提升使得人们在出行的时候更好的选择列车，那么，列车电视也就有了更多的受众。同时，收视环境的改善也有利于列车电视的进一步发展。

4.3.4 促进因素四：世博会、奥运会等重大事件推动列车电视发展

以世博会为例，世博会被称为继奥运会之后又一新的品牌升级契机。很多专家都看好新媒体在世博会的表现。世博期间官方预计有 7000 万人次参观，其中有 6 成 4000 多万是通过火车进入上海旅游。鼎程传媒的列车电视作为上海世博官方授权的宣传媒体，其品牌影响力也得以大幅度提升。

4.3.5 促进因素五：经济发展使得人们出行更加频繁

随着经济的迅速发展以及社会城市化进程步伐的不断加快，城际沟通日益频繁，使得越来越多的人穿梭于城市与城市、城市与乡村之间，形成了庞大的"在路上"的人群。在这群"在路上"的人群之中，有企业家、白领等高端人群，有大学生、个体工商业者等"新富阶层"，也有农民、进城务工人员等特定消费人群。而中国铁路是国家的重要基础设施，是国家交通的大动脉、陆上运输的主力军、社会经济持续快速发展的"生命线"。经济的发展导致火车乘客数量激增，必然引来广告商的关注，从而推动列车电视的发展。

4.4 列车电视受众分析

优质的受众资源是列车电视运营的出发点和归宿点。根据 CTR、尼尔森及新生代市场监测机构调研所得数据整理，可以看出，列车电视的受众人群呈现出以下特点：商务化、年轻化、高学历、高消费。

4.4.1 商务化

列车上的受众是名副其实的移动人群，按出行目的来分，主要有商务旅行、探亲访友、旅游休闲、返校返工（回乡）等四类，其中以商务旅行这一类比重最大，占到 58.7%。[①]

---

① 数据来源：新生代，引自鼎程传媒提供的《中国列车电视》媒体说明书

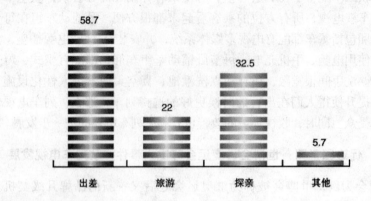

4.4.2 高学历

在学历构成上，大专以上学历者达到了51%，不过，中低学历人群仍占一定比例。[1]

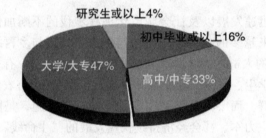

4.4.3 男女比例均衡

男女比例相当，但男性略多于女性，其中男性占到55%，女性为45%。[2]

① 数据来源：新生代，引自鼎程传媒提供的《中国列车电视》媒体说明书
② 同上

4.4.4 年轻化

按年龄来看，以 18 — 40 岁的中青年为主，平均仅为 32 岁。[1]

平均年龄32岁				
	居民总体	列车乘客总体	沿线主流人群居住城市总体	中国列车点火四受众总体（除学生外）
16-19岁	10.9	5.6	10.5	2.4
20-24岁	13.3	17.6	12.6	19.2
25-29岁	12.5	18.3	11.4	25.3
30-34岁	12.2	15.2	11.5	18.8
35-39岁	14.2	16.9	14.3	12.2
40-44岁	14.0	10.9	15.1	9.8
45-49岁	12.6	8.9	13.4	5.7
50-55岁	10.4	6.6	11.1	6.5
平均年龄	37岁	35岁	37岁	32岁

4.4.5 消费能力强

列车电视受众人群普遍消费能力较强，据统计，乘客的人均月收入达 3313 元，平均家庭月收入约为 7090 元。[2]

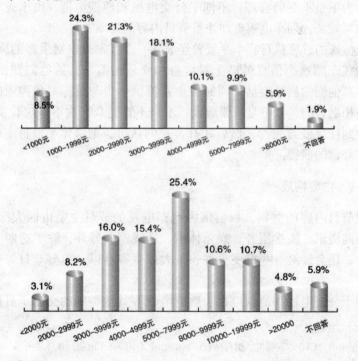

①② 同上

4.4.6 普遍收视时间长

CTR 的调查还显示，旅途中，列车乘客平均每天收看列车电视的时间为 7.8 小时，这是目前城市居民收看一个频道时间的 153 倍。[①]

4.4.7 对列车电视的接受度高

自列车电视大范围运营以来，CTR 和尼尔森等知名调研机构对列车电视的传播效果进行实地取证测评。结果显示，乘客对列车电视及其传播的内容有着较高的认同度和接受度。其中，对于列车电视的接受度达到 82%，对其内容的关注度达到 56%。[②]

乘客对列车电视这种媒体形式的接受度为 99%，观看节目和广告的时间占总旅途时间的比例将近 35%，而广告到达率更是超过 90%。[③]

4.5 列车电视内容分析

内容为王是不变的真理，不同于公交电视和地铁电视，由于火车乘客乘坐时间相对较长，列车电视更加注重节目内容的品质。

鼎程传媒的首席执行官李平就曾经表示，"首先是丰富乘客的旅行生活，满足他们在车厢这个信息孤岛上对信息和娱乐的需求，给他们知识、文化、娱乐，丰富他们的旅途生活，同时给企业提供一个与目标对象沟通的传播平台。这是相融合的，我不是只要赚钱，不是不管受众喜欢不喜欢看。做媒体，一定要做到社会效益先行，然后才有客户的认可，把媒体平台打造好，这是进行媒体经营的前提。"[④]

4.5.1 内容构成

按照节目内容的类别，目前国内列车电视的节目主要由四大部分构成，包括：新闻资讯、旅途服务、娱乐休闲、影视剧。另外，除了这四大类别的常规节目，还会针对一些重要事件、重大体育赛事以及重要节日等推出非常规节目。

不同于公交电视和地铁电视、航空电视等其他类别的交通工具媒体，旅

---

① 数据来源：CTR 市场研究，引自鼎程传媒提供的《中国列车电视》媒体说明书
② 同上
③ 同上
④ 张冬冬：《鼎程传媒 COO 李平：新媒体快速成长不可阻挡》，新华网 http://news.xinhuanet.com/newmedia/2009-06/15/content-11545313.htm

途服务类节目是列车电视上非常有自身特色的一项专属内容。铁道部下属影视音像中心的中铁列车电视在这方面有多年的制作历史，已经形成了丰富多样、贴心周到的内容。并且将列车服务用语和报站内容视频化，由列车员播报，配以铁路站车等画面，相比传统的纯语音播报更加形象生动。具体包括：①

1、列车报站节目

根据高铁动车组运行情况，播报列车运行和前方到站内容，为旅客乘降动车提供及时准确的信息服务。列车报站节目分为4类：列车出发、区间服务、前方到站、列车到达。

2、客运服务节目

此类节目是列车电视突出客运服务功能的重点和关键。主要包括：（1）列车服务信息（动车组服务设施、供水、卫生、医疗等信息介绍）。（2）旅行生活常识（车上休息、用餐、环保等）。（3）旅行安全须知（防火、防盗、禁烟、禁三品、人身安全等）。（4）铁路有关规定。（5）换乘车次。

3、沿线城市介绍

以列车所经过的沿线车站为点，向周围城市及重点旅游区辐射，播出城市介绍的专题片、艺术片，提供及时准确的吃、住、行、购、玩等各类信息，体现高铁电视媒体的人性化服务功能。

4、铁路宣传节目

（1）铁路形象展示。制作铁路形象片、专题片，展示与时俱进的和谐铁路形象。（2）铁路科普节目。国内外各类车站和列车介绍、中国铁路发展历史等。（3）铁路文艺节目。铁路名人专题采访和介绍，铁路文艺工作者创作和演出的节目。

总体分析，在全程节目中，各项节目内容的时长和所占比例如下：一般节目（包括音乐、新闻、电影、体育、访谈节目等）占总播放时长的60% –70%，约为10小时/天/列。广告占20% –30%，约3小时/天/列。列车服务节目占10%，约为1.5小时/天/列。

4.5.1.1　常规内容

下面以鼎程传媒的节目为例进行介绍。

2009年，鼎程传媒根据观众的需求对节目进行了改版，与以往不同的是，这次改版的主要依据并非只来源于编导们的多方调研和取经，更多的则是列车电视与旅客之间的无障碍沟通——《旅客留言板》短信平台的建立。自短信平台开通以来，成百上千的旅客给中国列车电视发来短信，对节目的改进

---

① 中铁列车官方网站 http：//www.crhtv.com.cn/ziyuan2.aspx

提出诚恳的建议，通过这种沟通，中国列车电视的编导们取得了第一手资料，准确掌握了旅客们最真实的收视需求，真正感受到了旅客在列车上最喜欢看什么，最渴望了解哪些内容和信息。改版之后，节目形式和内容如下：

一、新闻资讯

代表栏目：《e首映》、《中国新闻》

《e首映》

时长：7分钟

内容：与激动网合作的一档，以公映电影预告片及幕后制作花絮为主题的电视栏目，是让乘客在没有进入影院之前，提前了解到影片精彩片段和花絮的最佳途径。

《中国新闻》

时长：10分钟

内容：这是一档来自央视的新闻节目。鼎程传媒第一时间让身在列车上的乘客知晓国内外新闻事件。通过以往乘客的反映改版后的《中国新闻》是涵括了时政、娱乐、体育、国内外趣闻于一身的全新综合性新闻节目。

二、旅途服务

代表栏目：《旅途天气》、《旅途保健操》

《旅途天气》

时长：10分钟

内容：这是一档由中国气象局华风气象影视信息集团专为中国列车电视—鼎程传媒量身定做的列车天气预报节目。来自中国气象局最权威的气象数据，每日更新的天气预报帮助旅客及时掌握天气变化，并指导旅客更好地安排旅途生活。

《旅途保健操》

时长：3分钟

内容：由鼎程传媒独家制作的一档健身栏目，通过简单易学的动作，让乘客在有限的车厢内，能够得到身体锻炼。

三、娱乐休闲

代表栏目：《每日金曲》、《历届春晚小品/相声大集锦绿豆蛙》、《超级访问》《光荣绽放》

《每日金曲》

时长：4分钟

内容：经典老歌、新人新歌、影视金曲、流行金曲

《历届春晚小品/相声大集锦绿豆蛙》

时长：15分钟

内容：1984 年——2010 年中央电视台春节联欢晚会经典小品、相声选播。

《超级访问》《光荣绽放》

时长：20 分钟

内容：明星访谈类节目。通过娱乐的手段，由主持人对当红明星、一线大腕、当前最受关注创作团体进行刨根问底的现场访问，明星畅谈最不为人知的背后故事，剖析人生感悟，细数成长历程。

四、影视剧场

代表栏目：《汇剧天下》、《列车电影院》、《好片快看》

《汇剧天下》

时长：180 分钟

内容：精编热播电视剧

《列车电影院》

时长：100 分钟

内容：完整奉送中外大片。

《好片快看》

时长：3 分钟

内容：公映电影预告片及幕后制作花絮

4.5.1.2 非常规内容

非常规内容主要涉及重大体育赛事，国内外重大事件等。例如，2010 年的南非世界杯、广州亚运会、上海世博会都成为了列车电视的重要节目内容，也吸引了众多乘客的目光。

世界杯：

2010 年 6 月，中国列车电视为了让火车上的球迷朋友在旅途中也能随时感受到这场大战带来的激情与火爆，打造了三档精彩的世界杯节目。这三档节目分别亮出"精、快、侃"三张王牌，从不同角度，为观众报道世界杯赛场动态，展示赛事瞬间精彩，调侃场内热点话题。

具体包括：《世界杯射门集锦》、《世界杯快递》以及《黄加李泡》

聚焦亚运：

2009 年 9 月 2 日，亚组委与鼎程传媒达成一致意见，将列车视频作为特约宣传媒体，对第 16 届亚运会的筹备、推广活动和赛事进行全面宣传和报道，对"激情盛会，和谐亚洲"的亚运理念进行广泛传播。

在内容设置上，根据大众对于赛事的关注点，开设了"亚运金牌榜""夺金瞬间"、"巅峰时刻"、"亚运倒计时"、"亚运快讯"五档热点栏目，不仅为乘客提供及时、全面的亚运资讯，还对比赛精彩瞬间进行特写和深度报道。

上海世博会：

随着世博会来到中国，为了让乘客全面、充分、及时、多样地了解上海世博会的空前盛况，鼎程传媒推出世博专题特别节目《世博盛宴》。实时传递世博动态，探秘世博奇妙之处，揭秘展馆的创意来源。第一时间让乘客感受到最新鲜实用的世博游览资讯。

《世博直通车》：每天会给乘客带来上海世博会的专题新闻，让乘客随时掌握世博动态。

《世界在中国》：城市，让生活更美好。这是中国申办 2010 年上海世界博览会的主题。通过这个专题节目，带领乘客从科技、文化、环保等各个角度，领略世博会带给我们的新生活，新城市。

《世博纪事》：融入了上百位国内外专家学者、亲历者和官员的讲述，由浅入深地普及世博知识，用通俗方法介绍世博。同时，"低碳世博"概念、门票购买和交通攻略等内容也将在节目中得到充分体现。

4.5.1.3 *春节娱乐主场*

春节的列车电视节目也属于非常规类别，但是由于春节对于中国人的特殊意义和春节不同于平常的客流量，本文把春节期间的节目单独作一点简要分析。

据铁道部数据，近年来铁路旅客发送量呈逐年稳步递增态势，2008年春运高峰期旅客发送量即突破1.96亿人次，连续数个高峰日每天运力突破500万人次。2009年春运期间铁路运力突破2.5亿人次，相当于全国每10人就有两个人在春节期间乘坐过火车，是全国航空运力的十几倍。2010年的春运，铁路运送旅客接近3亿人次。据CTR在历次春节调研数据显示，春节前后长达两个月的时间跨度里，列车乘客呈现三大主体探亲人群流向特征：城市上班族、学生和处出务工人员，基本上形成连续不绝的节日城际移动人群。

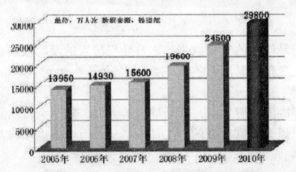

庞大的受众人群，再加上中国人过年普遍有大采购的传统习俗，随着生活水平的提高，吃穿不再是春节消费的唯一主题，旅游、置办新家具和新家电、汽车成为年货的新潮流，更有数码产品、书籍成为新年礼物的新宠。可想而知，中国这个有着十多亿人的大市场蕴含的消费能力有多大。根据国家相关部门的统计，仅春节6天，全国市场的消费能量就让商家心花怒放，2007年达到2010亿元，2008年增长16.8%，达到2660亿元，2009年又增长14%达到2900亿元，2010年增加16%，突破3300亿元。[1]

鼎程传媒在每年春节期间，都会推出专门为春节特制的节目。通过这些节目在服务乘客的同时，吸引广告，获得不菲的收益。

2011年兔年春节就推出了九大强档栏目，包括：

《中国新闻》：

在这份汇聚了文化、娱乐、时事、政治、体育、旅游、经济、科技于一身的节目里，让乘客与鼎程传媒一起，在新的一年来到的时候，回顾盘点这

---

[1] 《中国列车电视春运传播主场》，《新快报》2010年2月9日

刚刚走过的，且不平凡的 2010 年。从玉树的众志成城抗震救灾到恢复生产重建家园。从上海世博会的隆重开幕到圆满闭幕，从广州亚运会的圣火点燃到圆满落幕。在这辞虎迎兔的时刻，再次回顾这一年里发生的点点滴滴。

《旅途天气》：

来自气象局最权威的气象数据，来自鼎程传媒的及时播报，让乘客及时掌握随时的天气变化情况，更好地安排我们的旅途生活。

《江山如画》：

重点挑选了冷门旅游景点，避开拥挤的人群，独享大自然别样风光，从北国壮美的千里风光，到南疆的秀美江山，从东海的翩翩小舟渔船，到西域的缕缕大漠孤烟。

《春晚小品系列—赵本山职场风云录》：

由鼎程传媒精心打造的春节特别节目《赵本山职场风云录》，就是一盆相当地道的东北乱炖。赵大叔叱咤春晚 20 年，在春晚舞台上塑造了各种各样的角色，同时也从事了很多的小工种，比如"送水工"、"钟点工"等等。这档节目就是将赵大叔 20 几年来春晚上从事的工作进行盘点，在捧腹大笑中领略赵本山的职场风云。

《春晚歌曲系列—港台流行风、原创流行风》：

这是一档春晚歌曲的串串烧。精选26年来春晚舞台上的经典港台、内地原创歌曲，以编年体的形式依次推出。使观众在耳熟能详的歌声中找寻曾经的美好记忆。

《明星话过年——兔年说兔》：

这档节目采用演播室加小片的方式，将关于兔子的有趣话题进行幽默调侃。不论是兔子的成语、兔子的笑话、兔子的年俗、兔子的俏皮话等等，一切的话题都围绕兔子。除此之外，还有两个独门秘方，第一是节目中会有神秘嘉宾倾情加盟，和大家一起侃兔子，另一个就是每期节目中，都会有和兔子相关的珍贵视频呈上。

《经典贺岁电影联播》：

《贺岁电影联播》，10部经典贺岁影片，从《喜剧之王》到《花田喜事》到《越光宝盒》，从周星驰到吴君如到郭德纲，将快乐和年味品尝到底。

《我看贺岁片》：

这是一档短小精悍的专题节目，国内一线明星先和观众聊自己与贺岁片的故事，然后推荐一部他认为最经典的贺岁片，往下的时间里，观众就将欣赏到这部贺岁片中最为精彩的画面。短短的五分钟里，观众的眼球被高度吸引，从节目中所得到的附加值远远高于节目本身，这就是明星品质的塑造。

《明星大拜年宣传片》：

豪华的明星阵容中，集结了港台内地几十位一线大腕，众明星齐聚列车荧屏，共同为乘客拜年。

综合近年来春节期间的节目可以看出列车电视在春节期间节目策划、编排的基本原则，即：1、配合市场、销售设计节目，将节目转化为产品；2、围绕春节特色，突出喜庆祥和的气氛；3、围绕客户需求突出区域特色和全线覆盖结合。①

4.5.2 列车电视内容来源

来源一、自制

列车电视传媒自身设立的影视制作部门会自制部分内容。这部分内容占总体节目的40%，但由于是针对列车上的乘客专门制作的节目，因此，受欢迎程度还是很高的。例如，由鼎程传媒自行成立的影视制作部门自制的节目，如《生活写真》、《旅途资讯》等。

来源二：传统媒体

与新闻机构、广电部门合作，购买其既有节目或由其定制适合列车电视受众收看的节目，如新华社提供的《新华快讯》、《新华纵横》、上海文广的《七分之一》、北京电视台的《最佳现场》等。

来源三：外资或民营影视制作机构

购买由外资或民营影视机构制作的内容，对其进行后期剪辑和制作，使其符合在列车上的播放需求。例如，2008年8月6日，鼎程传媒宣布和气象服务提供商华风影视集团结成战略伙伴关系。华风影视集团在列车电视上即时播放各地天气预报。两家公司的合作期限暂定为3年，按照广告分成模式进行合作。这次的合作主要是围绕华风影视集团有关气象预报的四档节目展开的，其中以全国各地的气象预报和主要旅游城市的气象预报为主，并辅以两档即时滚动的气象预报。

来源四：网络等新媒体

新媒体在原创特色内容上的优势越来越显现出来。以世界杯为例，很多球迷都能在电视台的黄金时间、包括火车上，看到一档名为"黄加李泡"的世界杯节目，这其实是新浪的一档原创视频节目，并于世界杯期间在陕西卫视、浙江影视频道、北京人民广播电台、中央人民广播电台、鼎程传媒、航美传媒、华视传媒等近百家媒体播出。传统的"内容提供商"的角色已经开始发生改变。

4.5.3 内容编排

中国人民大学新闻传播学院副院长喻国明表示，我国南方和北方对节目的需求差异很大，列车电视在节目编排上考虑个性化差异符合我国的地域特征。清华大学新闻与传播学院副院长尹鸿也表示，以地区差异的标准来进行

---

① 李想，胡洁：《春运市场锁定铁路媒体企业传播聚集列车电视》，《中国民航电子版》2009年1月21第11版

节目编排是明智之选。列车电视的差异性节目编排能收到事半功倍的效果，以地区差异的标准来进行节目编排是一种明智的选择，因此而投放的广告效果也会非常好。

4.5.3.1 总体编排规律

事实上，在节目编排上，国内的列车电视已经摸索出了一些适合列车电视收视群体的编排规律，归纳起来是三点：第一、强调个性化的节目编排。第二、重视非常规编排、节假日编排和临时编排三种战术的区别与结合运用。第三、强调短途列车与长途列车两种不同的节目编排。

目前，国内列车电视的节目以车次线路为单位实施个性化播出，每条线路播出的电视节目不尽相同。为此，鼎程传媒构建了一个庞大的影视资料库，库里的节目可以进行无数次排列组合，这样就能确保播出内容的多样性、差异化。同时，还能针对特定线路，为观众提供最富有地方特色的区域性节目，每条线路既有共享节目（约占75%），也有特色节目（约占25%，节目来源于线路所连接的两个终端城市电视台）。

每年春节、五·一、十·一三个长假期间客流远远大于平常，此时旅客人群大多以探亲、旅游为主。这期间的节目内容和节目编排要适应节日和旅客变化的特点，打破日常播出编排的特点，以播出大型活动、旅游服务资讯、娱乐节目为主。

4.5.3.2 每日编排规律

旅客在列车上作息的时间和在家中是不一样的，在列车上收看电视的习惯也与家中不同。列车电视传媒的员工经常实地调查列车移动电视不同线路的播出情况和广大旅客的实际收视需求。列车移动电视节目的编排严格按照列车旅客的作息和收视规律来进行。以早、中、晚三餐为节点，列车电视节目播出按上午时段、中午时段、下午时段和晚上时段来进行常规编排。以鼎程传媒为例，节目播出时间分为早餐时间 7:00－8:00，黄金时段 8:00－12:30，午间休息 12:30－15:00，黄金时段 15:00－22:00，夜间休息 22:00－7:00 五个时段。

而在技术条件许可的情况下，当遇到突发新闻、重大事件、重要体育赛事时，应该停止正常节目播出，及时插转电视台的相关报道，进行同步直播，为旅客及时提供新闻服务。

为了提高工作效率，减少管理层次，避免决策信息的流失，鼎程传媒还借鉴国际大型企业的管理经验和国内传媒集团的新型管理方法，采取扁平式管理模式，将节目管理分为节目中心、品牌推广中心、大型活动部等部门，各部门协作紧密，环环相扣，共同打造列车移动电视这一全新平台。

节目中心负责节目的引进、生产、编排、包装，在节目流水线作业的基础上充分发挥节目策划、生产和包装人员的能动性。品牌推广中心负责品牌推广及媒介合作，举办专家论坛、品牌推广会、招商推广会等对外宣传和合作活动。大型活动部根据策划部门和品牌推广部门的需求，操作和执行各种大型活动。从而迅速整合媒体和社会资源，提升媒体影响力。

4.5.3.3　不同车型的节目编排规律

针对不同的车型和座位情况，也可采用不同的节目编排形式。例如：

一是硬座软座和餐车不能选择节目的车辆，仅设一个节目频道，即综合频道。

二是对卧铺车等可选择节目的列车，设综合、综艺、电影、电视剧等多个频道。

4.6　列车电视广告

列车电视广告可以说是目前阶段列车电视唯一的赢利来源，通过"二次售卖"与广告主进行媒体资源和经济收益的交换，对列车电视的发展起着举足轻重的作用。但是，广告时段在列车电视上所占的比重并不大。

列车电视广告的总体市场规模目前也还不够大。据易观国际的调研数据，2008 年第四季度中国户外电子屏广告市场总值达到 17.26 亿元人民币，其中，商业楼宇电视、公交地铁电视分别占据了 37.6% 和 28.6% 的份额，而列车电视的市场规模却只占到了 3.3%。①

2004 年底，当时的列车电视领头羊广源传媒与 CTR 达成合作协议，中国列车电视的广告客户就可以通过第三方 CTR 及时得到客观、公正、准确的列车影视广告监测报告。通过此举，为企业的品牌推广提供价值最大化的传播方案，让他们以最优价格赢取超值回报。

4.6.1　列车电视广告特点

4.6.1.1　关注度和信任度高

相对于其他媒体，列车电视传播的信息最容易被记住。根据 CTR 的调查，74.2% 的受访者表示列车电视是留下深刻广告印象的媒体；50.2% 的受访者认为列车电视广告真实可信；41.1% 的受访者表示看过列车电视广告后增强了购买信心。②

---

① 周海泉：《预测 2009——户外电子屏广告市场媒体整合和媒介融合是看点》，易观国际，http://www.analysys.com.cn/web2007/ygfx-index.php/id-6126.html

② 苏本才、袁琳：《列车电视开户品牌传播新时代——写在〈中国列车电视传播价值蓝皮书〉发布之际》，《广告导报》2010 年第 23 期

4.6.1.2 千人成本低

列车媒体能吸引这些大客户投放广告，还有一方面是因为列车的广告费用仅相当于传统媒体广告费用的 1/10。例如，在列车上播出一个 15 秒的广告仅需 100 元，而传统媒体也许要几千元甚至几万元，这样，很多广告主就会选择多次投放的方式，来刺激受众的关注度。据 CTR 调查，中国移动、宝洁、姜忠、五粮液等中国列车电视全年投放客户单次有效 CPM 平均仅为 4 元。远远低于大部分户外电视和传统电视。

在这个信息泛滥的时代，受众的注意力资源越来越稀缺，列车电视低廉的广告价格可以换取来高效的传播效果，这在新的传媒竞争时代是非常具有竞争优势的。难怪，2008 年 1 月 9 日，广源传媒在"首届新媒体年度盛典"上被评为"中国最具投放价值新媒体"称号。

4.6.1.3 快消品为广告主体

食品和饮料等快消品是列车乘客的旅途必需，列车乘客在旅行中有高度的消费欲望和购买需求，乘客对快消品的消费需求明显高于大众。

新生代市场监测机构的 CMMS 调研数据显示，经常乘坐火车出行人群的食品购买率比城市普通居民高出 7 个百分点，列车人群平均每月的食品购买件次达 24 件次。这意味着，作为一个移动的市场，列车已经成为包括食品在内的快消品纷纷争抢的蓝海。①

4.6.1.4 广告投放灵活

鼎程传媒研究发现，空调车消费群也分层级，以北上广为中心的一线城市，受众的层次较高，消费较高，但是品牌认知和选择更谨慎；省会城市间运行的列车运载的更多是社会的中间层次人群，他们的消费能力居中，对品牌的忠诚度较低，对新品牌的接受度居中；而三线城市的人群的收入和消费不低，但是他们对品牌的忠诚度更低，对新品牌的接受度更高。

列车电视广告可以根据广告商的个体需求，制定有针对性地媒体投放策略和计划。既可以全国统一投放，也可以分区域投放，例如只选择华北地区或华南地区，还可以实现单省、单线投放。

以 2009 年春节，鼎程传媒的广告为例，为了满足不同预算的客户的传播需求，此次推出的春节套装产品多达六种之多，既可单独投放，也可叠加、组合投放，以 45 天的投放时间为核算单位，既可缩小投放时间为 30 天，也可增加投放时间，非常灵活多样，方便广告客户根据需求进行自主选择。在

---

① 晓鹏，霄航：《中国列车电视：食品饮料品牌传播新干线》，《中国民航报电子版》，2009 年 5 月 4 日，http://editor.caacnews.com.cn/mhb/html/2009－05/04/content-45567.htm

此次春节套装产品中，既有 200 个车次的全线投放，也有 40－100 的区域市场的投放，能够充分满足不同地域、不同市场策略的客户传播需求。例如 2008 年的盘龙云海就是全线投放，并且是春运全程投放，精准覆盖春节前回家和春节后返程的人；而 2007 年可口可乐则是选择从北京、上海、广州开往省会城市的线路，即从发达城市返回二、三线城市过年的人群。而浏阳河是选择把企业目标市场的重点城市可以连成网络的线路投放。不同的市场侧重点，不同的营销规划，导致了不同的媒介策略和执行。

4.6.2　列车电视广告类型

4.6.2.1　传统广告形式

列车电视的传统广告形式与其他电视形式类似，具体包括：硬广、专题、MTV、企业专访、栏目冠名和赞助、天气预报、植入式广告等。

例如，针对全国性客户，鼎程传媒可在全线列车上进行品牌硬广贴片《世博纪事》的模式，这种模式对企业品牌推广十分得当，背靠世博的高关注度，广告传播速度快，"杀伤力"强，能够产生良好的效果。针对重点市场在华东的客户，准备了 38 个进出上海的车次，组合高频次播出企业广告，有很好的广告效应。

再如：宝洁旗下飘柔在 2006 年强力打造"每一面都美"的品牌新形象时，在车上播放陶喆《每一面都美》的 MV，并且在上海金茂大厦上制造巨大的飘柔全新产品光影形象，中国列车电视在进出上海的数十条列车线路上对活动进行预告与跟踪报道。据 CTR 数据，在列车电视上投放广告的 8 月与未做投放的 7 月期间相比，在全媒体看到飘柔广告的比例提高 18%，73% 的被调查者表示可能去购买，64% 的被调查者表示会向他人提起或推荐。

4.6.2.2　新开发广告形式

列车电视上除了上述传统形式的广告，还有不少创新形式，这些创新形式符合列车电视的自身特色和传播规律，取得了不错的传播效果。

企业品牌专列：

把某一对或几对对开的列车上的列车电视主要广告资源（活动报道、企业专题、MTV、硬广、角标、温馨提示等）整合起来为一个企业品牌传播服务。

一站三报：

列车到站前、到站时、离站后的提示性广告形式。如：T15 将近汉口站时：中国移动神州行提醒您，列车即将到达汉口车站，请下车的旅客提前做好准备；进站时，中国移动神州行提醒您，列车已经到达汉口车站，请到站的旅客尽快下车；离开汉口站后，中国移动神州行提醒您，列车已经开出汉口车站，下一站是长沙站。

温馨提示：

温馨提示配合旅客关注度高的列车通告、报站等信息，植入贴切，能拉近品牌与旅客之间的距离。温馨提示的时长一般为5秒。

例如：江中牌健胃消食片提醒您：出门在外，注意饮食卫生，保护胃健康！一般来讲，对于已有消费目的的消费者，广告的作用是提示与唤醒，广告信息也能得到受众的主动接收；另外广告还能对潜在的正犹豫的消费者进行拉动，刺激消费。北京旅游局全国进京车次北京一日游的提醒广告，能够充分唤醒乘客的消费意识，刺激乘客进京旅游的欲望，大大提升了游客的数量。

新闻直通车：

有别于传统电视，列车电视的新闻是可以在一段时间内持续播出的，触达率高，在旅行人群中深入传播企业新闻事件，引发口碑传播。

4.6.2.3 适合列车电视播放的广告内容

CTR《2005年列车电视媒体效果评估分析报告》关于"哪些行业类别适合在列车电视中投放广告"的调研数据显示，有50%的被访者希望看到酒店、住宿类广告，排名第一，其次是餐馆、餐饮类广告，有30%的被访者选择了此类广告，排名第三的是食品类广告，占到29%。其次是IT产品、日用品、饮料、汽车、服装、普通家电和房地产。[①] 列车电视运营商应当充分考虑受众的实际需求，以增强广告投放的效果。

4.6.3 优秀案例

案例一：中国移动

中国移动对中国列车电视的全线投放始于2006年元旦—春节。投放品牌从神州行到逐渐扩展至动感地带、全球通等，投放时间从春节、五一、暑假、十一等黄金时间逐渐向平常时段扩展。到2008年，中国移动更是与中国列车电视签署了年度合作协议，建立起媒体"VIP通道"的战略合作关系，以保证列车电视对中国移动传播策略的高效支持。同时，随着对中国列车电视媒介特性的不断加深理解，中国移动的投放在硬版广告之外，特别加强了对温馨提示、专题节目、代言人MTV、演唱会剪辑、栏目冠名等多种传播组合的使用，以实现品牌与消费者的深度互动、深度沟通。

---

① CTR央视市场研究《2005年列车电视媒体效果评估分析报告》，豆丁网 http://www.docin.com/p-33566685.html

以 2006 年春节期间的中国移动广告投放为例，其广告投放组合包括：神州行品牌广告（方言篇+功夫篇+摇篮篇）+同一首歌专题+节约由我专题+电影贴角+列车剧场冠名。

2007 年春节，中国移动的投放组合包括：动感地带品牌广告+12530 数据业务品牌广告+企业形象新年广告+新春专题节目+"新春问候"温馨提示+列车剧场冠名。

CTR 对这一时段的不同形式的广告到达情况进行了跟踪研究，结果显示：中国移动"祝您旅途愉快"问候语达到率为 81%，动感地带硬广到达率为 78%，12530 数据业务硬广达到率为 59%，中国移动专题节目到达率为 50%，企业形象新年广告到达率为 49%。

2008 年春节，中国移动的投放组合包括：神州行信号篇硬广+12580 原始人篇硬版+新年传心意篇硬版+动感地带飞信生气版专题+MTV 专题+列车剧场冠名。

根据 CTR 提供的数据显示，2008 年春节神州行（信号篇）广告到达率超过 90%。

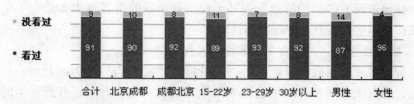

案例二：太太乐①

鼎程传媒传播策略：

从企业的需求出发，结合列车电视的特点，鼎程传媒为太太乐量身打造了一个传播策略：品牌形象树立和销售促进兼顾，全国全线全年、多产品广告组合、优势栏目冠名。

1、媒介目标：太太乐在列车电视的媒体投放，既要进行品牌形象提升，加强号召力，同时，又要及时传播促销信息，促进销售，两者并举。品牌形象的提升目标是通过品牌形象广告、优势节目冠名和全年持续投放来达到，销售促进的目标是通过持续的产品广告和短期的促销活动广告相结合来达到。

2、全国全线全年：太太乐目前的市场已经遍布全国，广告传播的广度和密度都要充分，只要列车电视触达的城市，就有太太乐的市场，同时，品牌的号召力需要不断累积。

3、多产品广告组合：太太乐的产品丰富，每个广告都要播出，但是，要

---

① 案例来源：鼎程传媒内部资料

分清主次，一方面，从全面来看，鸡精为主，另一方面，从阶段来看，有新品上市的时候，要加大新品的传播力度。

4、优势栏目冠名：列车电视的节目中，最受乘客喜爱的是《列车影院》，同时，《美女私房菜》跟太太乐品牌高度契合，所以，冠名这两档栏目，对加深品牌印象有很好的推动。

传播效果：

基于以上诸多方面为基础，太太乐在列车电视上的广告传播取得了非常好的效果，根据央视市场研究机构 CTR 的调查，不仅到达率高、品牌印象改善、产品认知提高，对购买的促进有很好的表现。

1、到达率高，几乎没有浪费。

到达率是体现广告有效的重要指标之一，到达率越高，有效性就越高，浪费就越少。太太乐的广告到达率高达 91%，说明每个列车乘客几乎都看到了该广告。

2、品牌印象改善

从喜好度指标来看，半数的乘客都喜欢，说明广告创意与产品契合度不错，很好地表现了产品的特点。而基于此，有半数的乘客对太太乐有了更好的印象，基本达到提升品牌形象的目的。

3、购买欲望高，并且会主动推荐别人食用。

广告传播通过刺激购买产品的兴趣最终达到促成购买行为的目的，从数据看出，近六成的乘客增加了食用太太乐鸡精的兴趣，并且，有近一半的会推荐别人食用。

4.6.4 列车电视广告刊例

鼎程传媒列车电视广告刊例[①]：

中国列车电视 2011 年广告价格表

【本价目表从 2011 年 1 月 1 日起执行】

广告形式	长度	价格（元/车/次）
硬版广告	5 秒	40
	15 秒	100
	30 秒	160
专题广告	1 分钟	300
	3 分钟	660

---

① 资料来源：鼎程传媒官方网站 http：//www. umholdings. com. cn/Advertising-pricing/show. php? lang = cn&id = 24

中国列车电视 2011 年特殊传播方式价格表

【本价目表从 2011 年 1 月 1 日起执行】

广告形式	广告资源	车次数量	每天每车播出频次	天数	价格（元）
栏目冠名	5 秒标版 2 次 30 秒广告	100	1	90	2800000
每日一歌	3 分钟	100	2	30	50000
温馨提示	5 秒				30 元/车/次

说明：

1、本价目表自 2011 年 1 月 1 日起执行，此前的价格停止执行；

2、广告上刊时间为每月的 1 日、8 日、16 日、24 日；

3、提供视频文件格式为：MPEG2、MOV、AVI 和 DVD 视频光盘等高清晰视频格式；

4、春运、暑运、黄金周，广告价格将在此基础上上浮 20%；

5、鼎程传媒对此价目表拥有最终解释权。

4.7 列车电视面临的问题与困难

4.7.1 政策影响之困

列车电视受制于铁道部政策影响太大，发展缓慢。而在非市场的竞争环境里运作，又对列车电视提出了特殊的竞争态势和挑战。目前，在国内市场上，列车电视介入厂商不多，基本被鼎程传媒等少数运营商垄断，这令列车电视的成长经历了太多自主因素，缺少有效的竞争催促这一行业成熟。在相当长的一段时间内，列车电视市场都将处于少数寡头并存的局势。

4.7.2 传播内容之困

目前的列车电视节目内容中，主要以影视节目为主，电影、电视剧占据了大部分份额，新闻资讯类节目所占比例很小，很难满足旅途中乘客对于信息的迫切需求。同时，列车电视内容主要还是来源于传统的电影电视制作机构，对于乘客而言新鲜度不够。为数很少的自制节目也制作粗糙，缺乏创新精神，很难吸引乘客的目光。另外，困扰列车电视内容的还有节目更新的问题，节目时效滞后，长期播放重复内容，成为列车电视节目内容的一大弊病。

4.7.3 传播效果之困

车厢的收视环境是否会影响传播效果是运营商非常担心的问题。长时间乘车往往会产生急躁情绪，在这种情绪下被迫收看不合口味的电视，传播效果想必不佳。出于成本考虑，运营商不会在夕发朝至的列车中安装电视，但即使是在白天，长久观看车窗外的景色及车厢内跳动的画面，也会容易视觉疲劳。嘈杂的环境，电视屏幕安装的位置等都会影响到传播效果。另外，

CTR《2005 年列车电视媒体效果评估分析报告》中的调查结果显示：被访者认为在 1 小时的节目中，广告所占的时间，较为合适的时长为 6.6 分钟/小时，而最多不能超过平均 12.6 分钟/小时。[①] 显然，如果广告数量超过一定比例，不但不能起到良好的传播效果，还会适得其反。

4.7.4 广告投放之困

列车电视的广告面临太多不确定因素，比如，中国地域辽阔，铁路线漫长，对于庞大纷杂的受众，广告主很难找到最合适的投放时间和线路。但是，如果脱离了广告成为公益电视，列车电视又很难大规模发展。广告一旦投放，其播放效果如何测算和评价也有不小的难度。

广告营收是列车电视目前主要的赢利模式。对于众多媒体来说，单一的赢利模式早已成为运营环节久攻难破的问题。由于媒体形式较新、受众群细分度有限、资源流动性较大等特点，列车电视目前仍较难获得广大广告客户的青睐，其客户基本上局限于食品、饮料、通讯、快速消费品领域，客户由观望到行动的趋向进展缓慢，虽有过与中国移动、中国联通、上海大众、宝洁等知名企业的合作，但在数量和影响力上仍较薄弱。

4.7.5 成本之困

列车移动电视的成本问题也不容忽视。移动电视采用数字技术，其信号的发射设备和终端接收装置必须是数字化的，这是一笔不菲的费用。特别是列车移动电视，由于车厢比较多，要装的终端接收装置也相应的多得多。目前，列车移动电视还仅仅局限在一些特快次列车上，很多列车乘客还没有办法接触到这一媒体。扩大覆盖范围，让普通次列车的乘客也能收看电视节目，这笔投入数目不小。另外，要提高节目质量和丰富节目内容，必须有相应的高素质人员，这样一来又增加了成本。而在目前广告主不愿意大力投入，传播效果有待考证的情况下，列车电视运营企业的压力可想而知。

2005 年，广源传媒副总裁欧阳国忠接受记者采访时曾透露过关于列车电视当时运营成本及广告营收的情况。一辆列车大约需要 100 多台液晶电视，加上缴给签约合作的地方铁路局的管理费等运营费用，一辆列车耗资硬件设施费用大约在 40 到 50 万元，从广源传媒着手运营以来（至 2005 年）已经投入资金约 2 亿元，而列车电视相关的运营和盈利模式尚处于探索之中。在广源和亿品合并之际，业内人士估算两家在前期投入上均已超过 4 亿。巨大的

---

① CTR 央视市场研究《2005 年列车电视媒体效果评估分析报告》，豆丁网 http://www.docin.com/p－33566685. html

前期投入固然得到了联想、盛邦、高盛等风险投资的支持，但资本的逐利性也对其迅速实现盈利提出了要求。有专家预测列车电视真正实现其投资回报的时间至少十年。

4.7.6 来自其他铁路媒体的竞争与冲击

就列车电视而言，相关的运营商有之前的广源、亿品、两家整合后的鼎程以及占据极小市场份额、只从事广告经营活动的其他企业，如视佳、中汉等；经营火车站电视的有兆讯、高铁、纳讯及另一些正待被兼并的小企业；占据列车海报等平面资源的有获得国际知名风投机构 IDGVC 强势注资、目前已占领 88% 份额的华铁传媒；另外，还时有一些意欲细分化铁路媒体资源的企业。

4.7.7 来自便携式新媒体的注意力蚕食

随着科技的进步，在户外等候区域、移动空间内，受众可选用的媒介形式越来越多，手机电视、便携式 DVD、MP4、电子阅读器等新兴媒体都在一定程度上挤占了受众的注意力。这些新兴媒体便于携带、可以自主操作，其双向互动式的传播优势是列车电视难以匹敌的。

4.8 列车电视发展趋势分析

4.8.1 总体规模——呈上升趋势

随着铁路建设的进一步提进，列车数量将进一步增加，乘坐列车出行的人数也将继续攀升。根据铁道部的预测，到 2010 年，中国的年乘客量将达到 20 亿人次，到 2020 年这个数字将达到 40 亿人次。毋庸置疑，如此庞大的人群对于这家新媒体意味着巨大的市场。未来，列车电视在总体规模上无疑将呈现出明显的上升趋势，广告效应和媒体影响力进一步显现。

4.8.2 市场格局——继续延续 1+X 的局面

列车电视的市场格局从最初的完全垄断演变到少数寡头并存的局面，一直与政策有着密不可分的关系。由于我国的特殊体制导致列车电视行业存在着非常明显的政策制约，而且这种制约必将长期存在。这就使得我国列车电视行业不可能出现完全竞争的市场局面，在很长时间内都将会是少数寡头并存的局面。具体来讲，鼎程传媒凭借先期的投入已经牢牢地占据了大部分的市场，并且随着资本的介入加快了扩张的步伐，实力进一步强化，要想撼动其行业领头羊的地位目前不太可能。其他诸如兆讯传媒、纳讯科媒、高铁广告等也凭借各自的优势取得了一定的市场份额。整个市场格局将继续呈现"1"即鼎程传媒，加上"X"即兆讯传媒、纳讯科媒、高铁广告等其他媒体并存的局面。并且，还有一些新的竞争者会凭借某一方面的优势继续加入战场。

例如，打着央视旗号，依托央视资源的"CCTV 移动传媒－列车"频道的出现，无疑给这个行业带来了一点小竞争和新鲜的空气。"CCTV 移动传媒－列车"频道。将覆盖北京、广州、天津等十大高速铁路网络，为乘客提供高端高效的媒体信息，丰富乘客的旅途生活。

4.8.3 技术——实时传输与个性化点播将成发展趋势

鼎程传媒积极开发与3G通信配套的列车电视技术，待我国第三代无线通信技术推广应用后，广大旅客就能够在列车电视中收看高清晰度的实时新闻节目。这样可大大提升节目的时效性，弥补乘客对于实时新闻信息的需求。

另外，个性化点播也将成为重要的发展趋势。本文前面已经提到，随着我国铁路运输产品线的日渐丰富和高速铁路的迅猛发展，列车电视的传播环境在某些新型号的列车上正在悄然改变，显现出一种强调私人空间、重视个性化需求、向传统电视传播环境靠拢的倾向。这种倾向具体的表现就是个性化点播的出现和发展。目前，在部分动车上已经实现了这种新的播放模式，但囿于硬件环境等限制还远远达不到普及的程度，还需要很长的时间来实现更新换代。个性化点播一方面能满足乘客的个性化需求，吸引更多的人关注列车电视。同时，也为列车电视实现赢利模式的多样化打开了一扇窗户。

4.8.4 赢利模式——多样化拓展

赢利模式的多样化拓展既是媒体自身发展的需要，也是资本的必要要求。

一方看，目前，列车电视仅靠售卖广告时段来进行赢利的单一获利方式蕴含了极大的风险。由于媒体形式较新、受众群的细分有限、媒体自身的品牌影响力不够等因素，广告客户对于列车电视广告的认可度还不高，其主要客户主要局限于食品、饮料等快消品领域，虽然也有与中国移动、宝洁等知名企业的合作，但从数量和规模上来说都不够大。

另一方面，列车电视在发展前期的巨大投入得到了诸如联想、盛邦、高盛等风投的支持，但资本的逐利性也是不可回避的。多样化拓展赢利渠道无疑能够更快的收回成本，同时也能为列车电视的进一步发展赢得资金支持。

除了广告收费，列车电视似还可强化受众互动参与，通过内容形式的创新和服务的强化来获取新的收益。

4.9 列车电视发展大事记

1999 年，广源传媒成立，成为中国第一家铁路列车电视投资商、列车电视媒体运营及广告经营商。

2002 年亿品传媒成立。

2003 年 6 月，广源传媒获得国家广电部门颁发的《车载电视播放广播电视节目许可证（试点)》。

2003 年 7 月，广源传媒获得国家广电部门颁发的《广播电视节目制作经营许可证》。

2004 年，广源传媒引进联想创投风险投资。

2004 年，广源传媒的列车移动电视技术获得国家专利。

2004 年底，广源传媒与央视市场研究达成战略合作协议，同 CTR 在媒体研究和广告监播层面建立战略合作关系。

2005 年 9 月，联想控股广源传媒获美国私募基金注资 1.3 亿。

2006 年 4 月，广源传媒列车电视装车量已达到 150 列，日均覆盖旅客 30 万人。按照列车线路和车次对乘客进行细节分析，针对不同的人群提供有差异的节目及广告。(广源传媒的目标不仅仅在列车电视联播网，同时想通过卫星通信和无线宽带通信连接互联网，搭建新媒体)

2006 年 4 月，广源传媒推出"公益快车"活动，与中国妇女发展基金会蓝天爱心计划推广办公室合作，共同策划了"背起母亲上大学"的浙江林学院学生刘霆演唱《母亲》公益歌曲的 MV 拍摄活动，并在广源传媒列车电视上首播。

随后，列车电视又播出了《母亲》大型主题公益晚会的歌舞诗剧，在列车上掀起一场公益旋风。《母亲》MV 在结尾还留下了互动短信的联络方式，使列车收视获得了更好的效果。(列车电视首次实现互动，不过更多的是在借鉴"超女"模式)

2006 年 8 月，大超联赛落户列车移动电视，正是看重铁路乘客广大的群体，尤其在寒暑假期大批高校学生的流动，使推广大超联赛的目的得以很好

的实施，也为乘客带去大超联赛最精彩的赛事节目。（列车电视尝试用户"分众"，但只是针对消费水平偏弱的学生群体）

2006 年 9 月，国内保健酒行业新秀——香港展生集团中国持酒与国内最大的空调列车电视媒体——广源传媒结成战略合作伙伴，以创新的列车电视广告营销模式进行持酒的推广。（日常消费品开始注意列车营销）

2007 年，兆讯传媒集团创立。

2008 年 5 月 16 日，广源传媒与亿品传媒宣布合并成立鼎程传媒。

2008 年 8 月，鼎程传媒宣布和气象服务提供商华风影视集团结成战略伙伴关系。华风影视集团将在列车电视上即时播放各地天气预报。两家公司的合作期限暂定为 3 年，将按照广告分成模式进行合作。

2008 年 8 月，鼎程传媒获联想高盛 4 亿上市前投资。

第五章　航空机载电视

5.1　航空机载电视概述

5.1.1　什么是航空机载电视

航空机载电视是指在飞机机舱上方悬挂、大屏幕、机舱内座椅靠背后方安装的液晶电视系统。也包括随机配发的 VOD 手持电视。航空机载电视是客舱娱乐的重要组成部分。

航空机载电视是航空媒体的一种，除机载电视外，航空媒体还包括：机场电视、数码刷屏广告、滚动灯箱、LED、传统灯箱以及机场户外电视等。

5.1.2　航空机载电视的特点

航空机载电视被冠之以"高端媒介"的称号，又被称作精英媒体，有着高端的受众群体、高端的媒体价值和广告价值。其中，高端受众是指高质量、高消费力、高消费意愿并具社会影响力的社会群体。高端媒体价值是指媒介环境高端（获取信息主渠道/媒体认知度高/媒介环境内停留时间长等）、媒体技术高端、媒体品质高（覆盖范围广/受众媒体接触程度深/媒体接触强度高）。高端的广告价值是指广告影响力强、受众消费力强。[1] 归纳起来，作为一个万米高空的特殊媒体，航空机载电视主要有以下特点：

---

① 李子雯：《从高端受众，看航空电视媒体高端媒介特性》，新生代市场监测机构

5.1.2.1 有效锁定高端人群

飞机是"高端受众"、尤其是商务人士外出旅行的主要交通工具。航空机载电视的受众从其特点来看可以称得上是高端受众,即:社会阶层中最顶端的群体,无论是其群体质量、消费能力、消费意愿等都位居社会各阶层前端,是社会经济和文化发展的中流砥柱,更是社会消费市场的主力军。

根据易观国际提供的数据显示,航空人群当中,69%的比重接受过本科以上教育,为高学历群体,飞行目的多为商务与高端旅游。[①] 新生代市场监测机构新富调查 2006 年数据也显示:从新富人群中乘坐飞机出行的人群规模和出行频率来看,我国 12 个经济发达城市中的新富人群中,有 51.2% 的新富人群过去一年内乘坐过飞机,月均出行次数为 1.25 次(往返算两次);从新富人群中因不同目的外出旅行人群的飞机乘坐率来看,最近一次旅行是因为出差的新富人群中,有 81.8% 的人过去一年中都乘坐过飞机,飞机乘坐率明显高于探亲访友、度假等人群的同比比例。[②] 可见,飞机是商务人士出行的主要交通工具。而飞机客舱中的电视正是以这部分人群为收视对象的,其传播更具针对性。

5.1.2.2 具备高品质的传播空间

飞机上环境相对其他交通工具而言具有较好的舒适度,这为传播的有效性营造了很好的基础条件,相比较一些嘈杂的传播环境,航空电视的环境要封闭和肃静很多,这也比较符合高端品牌的传播特性。

5.1.2.3 其受众有主动的收视需求

航空乘客在漫长的乘机旅行时间里,可以暂时脱离紧张的工作,观看平时无暇顾及的电视节目,此时,航空机载电视成为他们放松心情的最佳娱乐方式。主动的收视需求决定了航空机载电视的高到达率。据新生代机场实地调研的结果显示,看过机载电视的占到受访人数的 93.75%。76.6% 的乘客认为机载电视媒体是飞机上让人印象最深刻的媒体。[③]

5.1.2.4 具备高端广告价值

航空媒体覆盖的高端人群的数量虽然不到总人数的 20%,但是他们对中

---

① 闫薇:《航美传媒:亏损扩张的秘密》,《经济观察报》2010 年 10 月 9 日

② 李子雯:《从高端受众,看航空电视媒体高端媒介特性》,新生代市场监测机构媒介研究部三部 http://www.em-cn.com/Article/200710/172900-5.shtml

③ 数据来源:航美传媒官方网站 http://www.airmedia.net.cn/media/index.php? classid = 12

国经济的控制能力很强，可以创造80%以上的影响力，所以这就决定了这个媒体的发展潜力非常可观。在市场越来越碎片化、受众越来越碎片化的今天，航空电视能够直击高学历、高收入、高感度的高质高端受众群体，拥有高档的传播环境，良好的传播效果。

航空人群极强的高端产品消费能力，稳固了高端的广告价值。新富2006数据显示：航空人群无论是对于各种高端产品目前的拥有率，还是未来的预购率都明显高于新富人群对于对应产品消费能力。因而，可以说，在航空电视媒体较高的广告到达率、关注度、信赖度的基础上，其目标受众高的消费能力和意愿增强了航空电视媒体广告对受众的影响力，从而，更进一步稳固了航空电视媒体高端的广告价值。

5.1.3 航空机载电视产生的背景

5.1.3.1 世界航空发展的必然趋势

国外的航空媒体发展已有多年历史，在20世纪初，飞机上就已经有了电视。现在，世界航空娱乐协会（WAEA）每年都向全球各个航空公司提供大量的节目资源。

而在中国，航空运输市场近年来取得快速发展，在金融危机冲击下，2009年第一季度，国内旅客运输量仍比上年同期增长14.6%，而国际旅客运输量则呈现下滑的局面，显示中国民航国内市场良好发展前景。高质量的客舱通信与娱乐服务，已成为中国航空运输市场对航空公司追求自身发展的客观要求和必然的趋势，客舱商务、通信和旅行娱乐服务的投资和发展规划，将是中国航空公司参与日益激烈的国际航空运输市场的关键因素之一。

5.1.3.2 航空公司提升服务质量的有力手段与重要途径

随着市场经济的不断发展和全球竞争日趋激烈，国内外各大航空服务企业的经营面临巨大的挑战，相互之间也存在着激烈的竞争。各大航空公司对顾客满意的关注程度日益加强。而在飞机上为乘客提供视频娱乐服务，陪伴他们度过枯燥的旅程，成为航空公司提升服务质量的一个重要选择。因为客舱娱乐系统给旅客带来的不仅仅是娱乐，更是一种体验。每家航空公司的客舱服务、客舱娱乐带给旅客带来的体验一定是不同的，这既体现了各个航空公司服务上的差异化，更是各个航空公司竞争的优势所在。旅客不同的体验，决定了他们对航空公司的偏好度。航空公司往往通过客舱娱乐的提升来维持品牌、延伸公司的品牌形象,这不仅能极大的提升其附加值,而且还能提高其品牌度。

以南方航空公司为例。2009年是南航的品牌服务年。根据公司要求,南航客舱部致力于打造一系列"国内一流、品质优良、顾客喜爱、社会知名"的南航特色品牌服务,机上娱乐服务便是其中非常重要的一项内容。其发展思路是:坚持"立足现实,总结历史,放眼世界,面对未来"的理念,坚持创新,以顾客需求为导向,以推广使用PMD(便携式机上娱乐设备Portable Multimedia Device的简称)为重点,以实现"国内第一,世界一流"为目标,不断优化频道和节目的设置、不断优化界面设计、不断优化节目的播放流程,打造具有南航特色的机上娱乐服务品牌。

再来看国航,2011年2月,为全面提升客舱机上娱乐节目品质,努力实现星级跨越目标,国航客舱服务部承接娱乐节目攻坚项目,于2011年2月25日,召开了"机上娱乐节目攻坚项目组启动会"。国航服务发展部、规划发展部、资产管理部、商务委员会、财务部、地面服务部、培训部、工程技术分公司及中航传媒等相关部门人员成为攻坚项目组成员。[①]

5.1.3.3 媒体分众化的推动

当今社会,由于社会分化趋势加剧,再加上电子、高科技更多地介入传媒业,导致媒体受众碎片化,大众媒体的效果日益衰退,分众化、小众化的媒体日益兴起。作为接触高端受众的媒体之一,航空类媒体所发挥的作用和所拥有的潜力也毋庸置疑。对于经常乘坐飞机的商务精英们来说,传统的媒体接触习惯已经被打破:他们很少有时间看电视,看报纸和杂志时只会挑选感兴趣的部分阅读,上网时不等跳出来的广告窗口显示就关掉。那么,怎样才能精准、有效地使广告信息传达到这部分人群并产生效果呢?这方面,借助特殊的渠道,航空电视媒体就拥有独特的优势。

5.1.3.4 居民收入水平的增加使得人们选择飞机出行更加频繁

随着我国城市化程度的不断提高,经济的发展,人们社会、经济生活的改变,生活形态、出行方式都发生了翻天覆地的变化,朝九晚五的规律被打破,他们的生活当中开始出现第二城、第三城或者是第四城,甚至到

---

① 《国航客舱部承接公司机上娱乐节目攻坚项目》,中国民航新闻信息网 http://www.caacnews.com.cn/2011np/20110309/159382.html

国外工作、学习、旅游都已经成为常态。当我们的生活方式发生巨大变化时，交通工具也随之改变。

根据北京、上海、广州、深圳这四个城市的调查显示：在个人年收入20～50万以及50万以上的群体中，乘坐飞机的比例是60%[①]，仅次于小汽车。所以说，小汽车和飞机已经成为新富主要的交通工具。对于商务人士而言，飞机更是工作生活当中不可缺少的交通工具。为了更好地影响这群有着影响力和消费能力的高端受众，航空机载电视也就应运而生。

国家统计局的数据显示，城乡居民收入继续增加。2010年上半年，中国城镇居民人均可支配收入9,757元，同比增长10.2%，扣除价格因素，实际增长7.5%；农村居民人均现金收入3,078元，增长12.6%，扣除价格因素，实际增长9.5%。[②] 这为人们更加频繁地乘坐飞机出行提供了物质基础。

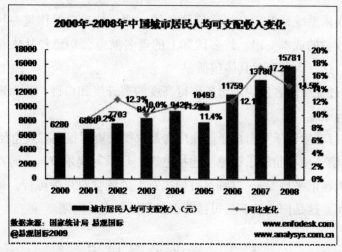

5.1.3.5 技术发展使得飞机本身具备硬件条件

以空客为例，所有的空中客车公司飞机，包括中短程A320系列和超远程A380系列，均可配备一流的机上娱乐系统。该系统为乘客提供个人显示屏，可在整个机舱内提供按需点播的音频和视频。所有乘客均可以利用机上娱乐系统方便地访问数百套以数字化方式存储在系统服务器上的高质量音频和视频节目。此外，乘客还能够享受其他服务，例如卫星直播电视音频或视频广

---

① 李学优：《航空媒体：高端定位的传媒新贵》，《传媒》2006年第10期
② 《中国上半年经济数据：GDP增11.1% CPI涨2.6%》中国经营网 http://www.cb.com.cn/1634427/20100715/138871.html

播、以乘客的母语提供的安全指示、场景相机拍摄的机外实景、国际新闻或换乘班机信息。这些最新一代的机上娱乐平台采用功能强大的系统，为乘客提供了极高质量的视听服务，并与座位联为一体，可为乘客留出伸腿的空间。乘客也可以将自己的设备连接至机上娱乐系统，如便携式媒体播放器或数码相机。这样，他们就可以使用高音质的耳机以及机上舒适宽大的屏幕，以自己存储的内容补充航空公司提供的节目。东航于2007年就订购了国外的客舱娱乐系统，将于2010年完成交付，安装在6架波音737-800和30架空中客车A320飞机上，该系统配置的160G硬盘可以存放多达60小时的视频，这种强大功能足够东航在客舱里播放"大片"和超长电视剧。显然，飞机本身硬件条件的提升为机载电视的发展提供了基础。

5.1.3.6　客舱娱乐蕴含的巨大利益驱动

客舱娱乐系统是航空公司增值服务的一项，被普遍看作是一种投资而不是一种无收益的成本支出。许多国际上的著名航空公司已经从中获得巨大的商业利润。这巨大的利益具体包括：[①]

1、通过优质的客舱娱乐服务取得高度的美誉度和口碑，从而提高旅客的偏好度和忠诚度。

2、通过客舱娱乐平台插播商业广告是取得投资回报的有效途径。

3、有偿使用客舱娱乐资源（包括电影、音乐等娱乐节目，游戏，互联网平台，手机通讯平台等）。这种运行模式对中国航空业是否可行，是否有足够的盈利空间，这是国内航空公司目前正在积极考虑的问题。

5.2　行业发展概况

5.2.1　行业发展格局

到目前为止，国内包括国航、东航、南航、海航、川航等在内的所有大型航空公司都拥有机载电视。并且随着飞机数量的增长和新机型取代旧机型，航空机载电视的数量还将进一步扩大。中国航空媒体市场规模从2006年到2009年，保持了比较高的增长速度。2006年，航空媒体市场规模仅为12.9

---

① 丁新康：《中国航空公司基于利润的IFE模式》，在第三届中国航空客舱商务娱乐（IFEC）发展论坛上的讲话

亿元人民币，根据易观国际的调查数据，截止到 2009 年，该市场规模达到 38.9 亿元人民币，年均复合增长率为 44.4%。[①] 2008 年以来，尽管面临多变的全球经济环境，客舱娱乐（IFE）领域仍然获得了巨大的发展，取得了高达 15 亿美元的硬件销售收入。

　　一方面，国航、南航等国内航空公司借助国际合作伙伴方提供的技术支持和节目内容管理经验，大力发展客舱数字化改造，海南航空也正通过创新客舱娱乐设施引进，提升其长途航线上的旅客服务。另一方面，随着 2009 年中国新飞机的交付使用，新一批机上娱乐系统、设备安装到位；而已有机队的设施改造和产品升级，也促成了中国航空公司的巨大客舱娱乐需求。2010 年，在高达 20 亿美元的全球客舱娱乐市场中，中国的比重也有相当的增长。

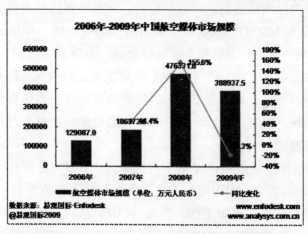

2006 年 – 2009 年中国航空媒体市场规模

　　总体看来，中国航空媒体市场规模从 2006 年到 2009 年，保持了比较高的增长速度。这种爆发似的增长正是由于技术、运营以及商业模式的改变所带来的。其一，技术推动航空媒体向形式多元化转变。其二，有价值的内容传播成为可能。其三，航空新媒体运营商的出现改变原有一盘散沙，单打独斗的局面。

　　具体到航空媒体的市场结构中，航空数字媒体的比重在稳步提升，到 2009 年，占到整体航空媒体市场当中 24.4% 的份额。总体上而言，航空媒体

---

　　① 《中国航空新媒体市场发展现状与趋势报告 2009》，易观国际 http：//www.enfodesk.com/SMinisite/index/jbreportdetail-type-id－4－info-id－2220. html

领域是处于以非数字媒体资源为主体，而数字媒体资源高速增长的发展阶段。[①] 一方面，这意味着广告主在选择航空媒体并影响航空领域受众时，更倾向于选择能够通过数字化方式表达和呈现的数字媒体渠道，从而实现更为丰富的展现效果。另一方面，航空非数字媒体运营商的不断减少和淘汰，以及航空新媒体运营商的强势介入，客观上也提升了航空数字媒体领域的市场比重。

目前，国内机载电视的最大运营商是航美传媒。航美传媒集团成立于2005 年 10 月，是以经营航空媒体为主的传媒集团。航美以丰富的机场、机上媒体资源和独具特色的网络化品牌传播模式，打造出全面有效覆盖高端受众的"航空数字媒体网"，同时也造就了航美的行业领先地位。2007 年 11 月，航美成功登陆美国纳斯达克，成为中国第一家在纳斯达克上市的航空传媒公司（股票代码为 AMCN）。航美旗下拥有的国内唯一的"中国航空数字媒体网"，涵盖国航、东航、南航等 9 家航空公司、全球 2350 余条航线的机上电视媒体系统和北京、上海、广州等全国 50 家主要机场电视媒体系统、数码灯箱系统等。同时，又开拓了北京、深圳等地的机场传统媒体资源。实现了从进入出发地机场、登机、飞行，直至离开目的地机场的整个过程中广告传播的一站式服务模式。

2010 年 12 月 6 日航美传媒牵手央视开通"CCTV 移动传媒——民航频道"。在今后的运营中，中国网络电视台负责节目内容的策划、组织、制作、审核、发布以及广告的终审工作。作为"CCTV 移动传媒——民航频道"的唯一合作平台，航美传媒也独家拥有该渠道的广告经营权。

虽然自 2006 年以来，我国的客舱娱乐系统特别是机载电视取得了巨大的发展，但是，就目前而言，我国的航空机上娱乐系统的质量和水平与世界先进国家相比还存在较大的差距。根据世界航空娱乐协会（WAEA）的定期评价，我国的机上娱乐的水平多为两星和三星，而阿联酋航空、新加坡航空等多为五星，这之间的差距是显而易见的。

5.3　产业链分析

航空机载电视市场的产业链包括以下几个环节：航空公司、飞机生产商、

---

① 《中国航空新媒体市场发展现状与趋势报告 2009》，易观国际 http：//www. enfodesk. com/SMinisite/index/jbreportdetail-type-id－4－info-id－2220. html

系统提供商、内容提供商、节目服务商、广告主和受众。

5.3.1　航空公司

航空公司在整个产业链中扮演最为重要的角色。航空公司以提供让每一个乘客满意的节目为目标，代表乘客需求并直接与乘客相联系。他们会分析乘客的喜好和需求，并通过与其他公司合作来满足乘客的需求。

国航机上电视通过中国航空传媒广告公司来具体运作其媒体资源。南航通过南航传媒具体运作其媒体资源。

5.3.2　飞机生产商

机载电视是在飞机的生产环节就选择并安装了，因此，飞机生产商也在产业链中扮演着重要角色。机上电视娱乐设备的质量标准由飞机生产商负责建立和控制。

5.3.3　节目服务商

节目服务商主要负责内容的集成，即从内容提供商那里获取内容，再根据各个航空公司的不同需要进行集成和再加工，最终呈现给观众。节目服务商对于内容的编辑和再加工主要基于以下两个原因：一是电影等是适合影院宽荧幕播放的，在机上小屏幕上播放就需要在技术上进行转换。二是机上乘客既包括儿童，也包括不同语言、不同文化背景、不同宗教信仰的人，所以，需要对内容进行处理，符合收视要求。

航美影视公司作为航美传媒集团全资子公司，是目前中国最具规模的航空影视娱乐内容服务商，主要业务包括航空电影版权交易、机上影视娱乐内容服务、影视娱乐营销推广、机场及航空广告投放服务。创立至今，航美影视已迅速积累了数百部国内外优秀影片及电视节目资源，目前已与中国电影集团、上海文广集团、光线影业、紫禁城影业、新画面影业、哥伦比亚、华索影视等数十家国内外著名影视内容提供商达成了战略。

5.3.4　内容生产商

内容生产商是拥有电视节目或电影等视频节目资源的生产商。目前，国内航空机载电视的内容生产商主要有以下几类：

一是获得广电总局认可的电视机构，如中央电视台、上海文广、湖南卫视等，以及国外的法国 Fashion TV、美国国家地理频道等。

二是电影制片公司，如英国 Pilot Productions 公司、加拿大 Just For Laughs 公司、澳大利亚 World WIDE 公司、21 世纪福克斯、哥伦比亚电影公司等，以及国内电影公司如中影集团、上影集团、华谊兄弟影业、新画面影业、橙天娱乐等。例如，中影集团，是中国最大的航空娱乐节目供应商，与中国国际航空公司、中国东方航空有限公司、中国南方航空公司等大型航空企业有稳定而密切的合作关系。

三是一些规模较小的民营制作公司，如第七传媒等。内容生产商通常将内容售卖给运营商，然后由运营商根据受众、广告商以及渠道方的需求进行整合播出。

5.3.5　广告主

广告主是指在商业过程中，出于自身营销需要，购入航空新媒体价值的企业，它们通过购买获取相应的广告资源，并将自身的商品广告信息传递给受众。航空电视媒体的广告主多为高端消费产品及服务行业，如汽车业、金融业等，这与列车电视等以食品类快消品为主有着明显的区别。

5.3.6　系统提供商

系统提供商是指拥有数码液晶技术、机上娱乐设备等技术资源的生产商或提供商。

目前，国际知名的公司有松下和泰雷兹等。

松下航空电子公司（Panasonic Avionics）其目标是"确保提供的产品五年内仍旧不落伍，或者至少是能够更新为新产品的同等水平。"松下专门从事舱内内容和服务的开发和管理业务，以帮助航空公司吸引顾客并树立品牌。松下整套机上娱乐系统包括 eX2、eFX、eXpress 以及数字 MPES。eX2 的特色是具有强大的网络、高速通信工具、尖端娱乐内容以及一流的外围设备。该系统拥有极高的稳定性和可维护性，可进一步加强企业的盈利能力，提升乘客娱乐享受，使乘客获得最佳的娱乐体验。此外，松下 eX2 节省空间，重量小于以前各代系统，从而可提高飞机的燃料效率。目前全球航空客户订购和使用的 eX2 机上娱乐系统超过 900 套，松下 eX2 已成为全球最畅销的长途航空高级娱乐系统。

目前，泰雷兹为超过 40 家航空公司提供机载娱乐系统。新发布的泰雷兹

TopSeries 系列 IFE 系统立即得到了全球各航空公司的青睐，其灵活的设计适用于单通道和双通道客机。该系统在业界具有多项领先地位。例如 TopSeries 系统首次提供集成的音频/视频点播、电源供应和互联互通功能，并首次适用于单通道与支线客机座舱线性安装。在双通道客机中，乘客可享受泰雷兹 23 英寸显示器的大画面。根据泰雷兹提供的数据，由该公司提供娱乐系统支持的航机包括：中国国际航空公司的 15 架 B787，15 架 B777 及 43 架 A330。中国南方航空公司 10 架 A330。中国东方航空公司 15 架 B787。上海航空公司 9 架 B787。海南航空公司 8 架 B787 及 15 架 A330。[①]

　　国内，在该领域较为出色的是多尼卡电子技术有限公司。其机载娱乐系统数码视频及音频播放器采用数码播放技术，替代原机上的视频及音频播放技术如磁带、光盘等；同时保障对飞机相关接口的良好兼容性，提高可靠性，不会造成任何不利影响，替换简便；另外增强使用的方便性（如增加显示屏、中文可编辑菜单等）和其他特定功能。目前已经在国内多家航空公司上使用及试飞，反应良好。全面替代原有磁带及光盘式放像机，大大缩短娱乐节目更新周期，并已实现每天更新新闻，灵活机动的调节插入广告内容。

5.3.7　受众

　　目标受众对于航空新媒体来讲，是指在商业过程中，接受航空新媒体提供的信息的航空旅客。本文将在随后的篇幅中专门对航空机载电视的受众进行剖析。在此不再赘述。

　　整个产业链的关系如下：航空公司作为资源方，把其航空媒体资源交给旗下的传媒公司具体运作，传媒公司与第三方公司进行合作，购买或制作内容，并进行广告代理。

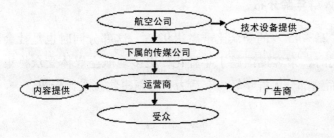

---

① 数据来源：泰雷兹官方网站 http://www.thalesgroup.com/

5.4 航空机载电视受众分析

民航总局的数据显示，2010 年航空客运量达到 2.7 亿人次。同时，相关调查显示，每位乘机旅客送机、接机的人数平均为 0.59 人。因此，航空媒体实际到达人群应该为机场客流量的 1.59 倍，也就是 3.76 亿人次。[①] 这也正是航空新媒体所覆盖的人群数量。

航空机载电视的受众从其特点来看可以称得上是高端受众，即：社会阶层中最顶端的群体，无论是其群体质量、消费能力、消费意愿等都位居社会各阶层前端，是社会经济和文化发展的中流砥柱，更是社会消费市场的主力军。

从航空媒体的受众特征上来看，其基本情况如下[②]：

5.4.1 航空人群性别分布

通常乘坐飞机的人群中，男性的比例为 64%，高于女性。

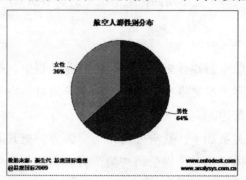

5.4.2 航空人群年龄分布

受众群体中，25-45 岁的受众比重高达 92%，这部分同时也是社会经济的主要消费者。同时，乘客逐渐趋于年轻化，更多地航空媒体受众将集中于 25-34 岁之间，而这部分人群年轻、有活力，对新事物接受比较快。

---

① 《CTR 新调研 详细解读航空媒体价值》，人民网 http：//www.people.com.cn/GB/50142/50814/87259/87459/8117487.html

② 资源来源：易观国际：《中国航空新媒体市场发展现状与走势报告 2009》

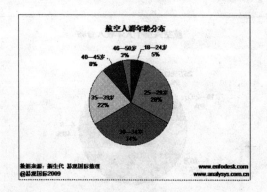

5.4.3　航空人群教育水平分布

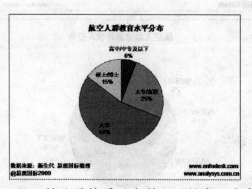

　　航空人群当中，69%的比重接受过本科以上教育，为高学历群体。飞行目的多为商务与高端旅游。

5.4.4　航空人群职业分布

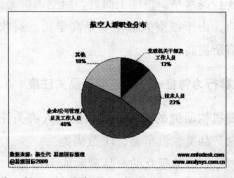

　　从职业分布来看，航空人群将近一半为企业/公司的管理及工作人员，其次，23%为专业技术人员等。

5.4.5　航空人群年收入分布

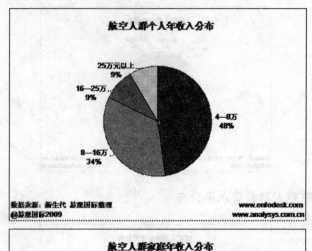

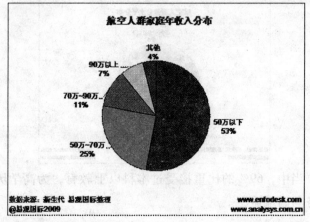

从航空人群的收入情况来看，个人年收入主要集中于 4 - 16 万元之间，而家庭年收入也处于较高水平。整体上而言，航空人群是高收入人群。

就购买需求而言，由于航空人群主要是高学历、高收入的人群，其消费能力与行为也相应有所提高。

5.4.6 航空人群行为特征——对各类产品关注度[1]

新生代市场监测机构研究的结果显示，航空人群关注度最高的产品类型依次是旅游类、金融产品类、汽车类、IT 数码类。

调研还显示，航空新媒体受众的产品预购能力很强，在 IT 数码产品和汽车上的预购能力都高于新富人群。而在不同产品的年花费上均高于新富人群，表现较为明显的是旅游、时尚服饰、数码产品、教育培训和运动产品等方面。

---

[1] 《航空新媒体：高端营销的平台》，《成功营销》2008 年第 4 期

归纳起来，航空新媒体的受众消费特征至少包含有时尚、品牌、品位、格调、流行、个性、身份等元素，而这些要素的不同组合，构建了航空受众人群的典型消费力。

5.5 航空机载电视内容分析

5.5.1 内容特点分析

目前，国内航空机载电视节目的内容主要有四大类，分别是：新闻类、娱乐休闲类、专题类和电影。

国航曾经在国内和国际航班上做过旅客调查：坐飞机的时候，您喜欢或者希望看什么样的电视节目？排名前7位的如下：1、电影大片；2、幽默、魔术、杂技；3、休闲、娱乐、美食；4、自然地理；5、风土人情、历史人文；6、时尚；7、体育。而在实际操作当中，众多航空公司的机上电视内容都是遵循观众的喜好来进行安排的。

由于更新限制，以及来自其他新媒体的竞争等，新闻类节目被逐渐弱化，娱乐类节目，特别是电影逐渐成为机载电视的主流。据北京电影学院管理系主任俞剑红介绍，中国2010年的电影票房将突破100亿大关。2009年中国电影观众数量突破了2亿，远远高于2007年的1.7亿。目前电影行业的收入主要体现在院线、非院线、音像制品三大块，而机上电影有力地补充了非院线的部分。综合国内各家航空公司的机载电视节目内容，目前主要呈现出以下特点：

特点一：电影成为占播出比例最大的内容，也是最受观众喜爱的内容。各家航空公司纷纷把电影作为自家机上电视节目的重头戏。特别是在AVOD发展起来之后，电影内容越来越不可或缺，数量越来越多，更新速度也越来越快，与院线播出时间之间的差距也有所缩短。

特点二：各家航空公司都有一档有自己特色的综合栏目，以强化自身品牌。例如：《空中博览》是中国国际航空股份有限公司所属机上闭路电视节目，创办于1990年4月，集文化、娱乐、休闲于一体，内容涵盖国航新闻、旅游风光、精英人物、文化艺术、体坛动态、娱乐幽默等板块。节目内容每月一期，分往返程各45分钟。《空中博览》在国航配有电视的166架飞机上播放，通航的国内城市74个，国际城市38个。

特点三：广告所占比例相对别的交通工具电视要小。目前，除 AVOD 外，航班播放的节目一般在 45 分钟至 1 小时，其中大约 5 到 13 分钟是广告内容。

特点四：对节目策划和制作进行差异化管理

以南航为例，对于节目内容，基本实现差异化服务。在单一频道播出系统中，分国内、国际两个版本，国际版考虑到语言问题，基本上使用了只靠画面语言就可以理解的节目。在电影频道中，定制了目的地国家语言、字幕的电影节目或目的地国家生产的电影节目。另外，还针对专包机，定制节目和电影。

5.5.2 部分机载电视节目概况

下面是部分航空公司机上电视节目概况。

国航：

国航的机上电视内容主要有四大块，分别是《空中博览》、《空中视野》、电影和国航专栏。

《空中博览》：旅游、幽默、魔术、美食、时尚、健康、体育、动物等综合娱乐类节目。片长 45 分钟；

《空中视野》：国家地理、Discovery 等短片。片长 30 分钟。

电影：包括原版电影和缩编原版国产故事片。其中，原版电影中好莱坞租赁首轮影片每月 4 部，国产影片，每月 4 部；缩编原版国产故事片用于不够播放整部电影的航班。片长 60 分钟，每月 1 日更新。

电影的选片标准是：以剧情、家庭、喜剧、动画为首选，不选暴力、色情、政治、敏感和有争议的题材；首选著名导演、影星以及票房高、备受关注的影片。

国航专栏：主要是公司新产品推广。片长 5 分钟。

另外，国航还在部分机型上配备有 AVOD 视频点播系统，有众多影片可供选择。为了提升头等舱和公务舱服务，国航于 2009 年 3 月对数字点播（AVOD）娱乐系统进行全面升级改版，内容更加丰富并且加快了更新频率。其中，视频内容主要分为以下几个大类：佳片速递、流金岁月、儿童世界，以及电视片。目前可以收看的电影目录如下。

佳片速递：迈克尔·杰克逊：就是这样、建国大业、气喘吁吁、名扬四海、非常完美、谍影重重 3、白银帝国、大明宫、未来战警、窃听风云、卡米尼、金山、杰辛：心灵之音、机器侠、迪斯科（法国）、巴黎故事（法国）、惊天动地、万家灯火、天安门、大内密探灵灵狗、夜店、南京！南京！、伯纳德行动、羊肉泡馍麻辣烫。

流金岁月：贫民窟的百万富翁、地球停转日、史密斯夫妇、永不妥协、小城之春、家、叶问、疯狂赛车、二十四城记（中）、家有喜事、大搜查（中）、深海寻人、即日启程、江北好人、时空穿越者（中法）、耳朵大有福、军犬雷恩（中英）、春、北京等待、高考 1977（中英）、铁人。

儿童世界：美食从天降、齐天大圣前传、寻找成龙、穿条纹睡衣的男孩、麋鹿王、哈皮父子（1-4）、快乐奔跑、麦兜响当当、喜羊羊与灰太狼之牛气冲天、《小英雄雨来》。

电视片：机上健身操、商业频道、卡通频道、开心一笑、旅游频道、时尚频道、戏剧空间、足球频道、高尔夫频道、爱神电视、幽默频道、赛车频道、自然历史频道、科学频道、科技频道、旅游频道。

厦航：

厦航机上电视节目主要包括资讯节目、综艺节目和电影。

资讯节目：囊括新闻、气象、专题、生活服务等各种电视元素，创造出亲切、愉快、活力、实用、时尚的资讯节目风格。

综艺节目：

1、旅游系列：精选闽南地区、台湾地区的旅游节目。通过人文说地理，通过地理说人文。用镜头带领旅客进入各地，在现实的地理空间中，将观众带进人文空间，揭秘历史，叙述故事，解密事件，介绍人物，让旅客不知不觉间进入节目的叙事，共同探索、发现和思考。

2、幽默节目：引进新发行的小品、漫画、滑稽戏及幽默短剧。

3、时尚节目：引进欧洲时尚频道最新时尚节目，展示国际流行资讯。

4、音乐 MV 及新片预告：综艺节目中还有流行新歌、经典金曲大展播，穿插大片、新片花絮，提前预告最新电影。

电影：最新国语电影、经典电影、欧美电影以及韩语、日语电影等多种高质量影片定期更换。

海航：

海航现有 A340－600、A330－200、B767－300 和 B737－800 四种机型可收看到机上节目。节目主要包括：《新时空》、全球经典影片、电视短片。其中《新空间》节目是海航精心制作的一档节目，集新闻、时尚、音乐、电影、旅游于一身的娱乐节目。

A340－600 空中豪华宽体客机机上娱乐包括全球经典影片、电视、音乐及视频游戏，并可通过机身摄像机鸟瞰自然风光。

A330－200 空中豪华宽体客机娱乐系统目前投入了 50 多部影片、30 多部电视短片，100 多张音乐 CD 等。

B767－300 豪华客机每个座位前方都安置一台个人电视，六个频道可供选择，每个座椅扶手处有一个遥控器，您可根据提示轻松打开电视界面。

B737－800 客机每隔 2－3 排座位的机舱上方都安置一台超薄液晶电视供旅客观看节目。

南航：

南航的机上电视节目包括：20 多个专业电视频道、每周热门电影、怀旧好莱坞大片、国内外最新、最热的新闻资讯。

2009 年 4 月，南航对机上娱乐节目进行全新改版，推出了"南航天空电视"。2009 年国庆期间还在航班上举办"红色电影展播周"。2010 年，南航与电视台一起首轮播放最新电视剧，最近的例子是《手机》，播放进度与电视台基本一致。

航美传媒：

再来看国内最大的航空媒体运营商航美传媒的部分节目设置情况：

- 环球娱乐 Showbiz：全面报道国内外娱乐资讯。

- 时尚靓妆 Vogue：精彩纷呈的时装秀、让您的眼球享受华美的视觉盛宴、领略最新的时尚资讯。

- 快乐工坊 Fun Corner：幽默短片让您开怀大笑。

- 激情时刻 Play of the Day：德甲、意甲、NBA，让您尽享运动的激情。

- 世界地理　Time to Explore：免费带你领略各国名胜，让您尽情放飞疲惫的心绪。
- 星光灿烂　Celebrity Chats：带您走近一个个大牌明星，了解他们鲜为人知的一面。
- 风云现场　Unplugged：西方盛行的原汁原味"不插电"演唱。

5.5.3　内容来源分析

航空机载电视的内容来源主要有三类：

一是各大传统电视媒体，如中央电视台、法国的 FTV、美国的 ESPN、新华社等等。以海南航空为例，2004 年，湖南卫视与海航集团正式签订全面机上节目合作协议。此后，作为海航集团航空运输板块的龙头企业——海南航空股份有限公司所辖的海南航空、新华航空、长安航空、山西航空以及金鹿航空（中国独家提供私人商务专机飞行服务的航空公司）等所有具备机上节目播映条件的航班上，均可以看到附有"中国湖南卫视"醒目台标的节目，诸如《小平十章》、《新玫瑰之约》、《音乐不断歌友会》、《象形城市》、《娱乐无极限》等。

二是电影制作公司，如美国的好莱坞、中国的电影集团等。机上播放的电影多来源于此。

三是民营制作公司，如第七传媒、海天翼坊数码艺术工作室（上海航空航机电视旅行节目制作中心）等。其中，由第七传媒独家制作的日更新电视栏目《空中新闻》，在各大航空公司的航机视频上广受推崇，被誉为"空中的新闻联播"。

5.5.4　内容编播特点

目前，国内航空机载电视内容编播的主要依据是航线的长短。

还是以国航的机载电视节目为例：

国航的机载电视分别按照国内、国际航线制定播放计划，根据飞行时间细化安排播放顺序和内容。播放原则是：起飞后播放《空中博览》，落地前（20、30 分钟）广播后播放《国航专栏》和《目的地视频》，中间可根据飞行时间选择相应时长的节目播放。

具体安排还包括：《空中博览》分去程版和回程版。国内短途联程航班，第一航段播放《空中博览》后，第二段可直接播放《空中视野》。国际航班在《空中博览》后播放《XX 国入境指南》。故事片按照去程或回程安排播放，中远程航班中英文故事片交替播放。国际航班二餐前播放《健身操》。

节目	空中博览 （去、回程）	空中 视野	缩编 电影	原版 电影	国航 专栏	目的地 介绍	安全 须知	健身操
片长（'）	45	30	60	110	5	5	6	5
更换周期	每月	每月	每月	每月	每月	每月	不定期	不定期
播放原则	起飞后	根据起飞时间、片长合理 安排播放内容			落地广播后		机门关 闭后	二餐前

国航网站在其论坛中曾经进行过机上娱乐节目喜好调查，有网友提出以下建议，还是很有可操作行的：[1]

鉴于目前国航机上娱乐系统现状（以下只针对无多频道影声系统的机型和舱位），以后在安排节目的时候应该根据不同航线做出适当调整。

一、国内短程航线［航程：一个半小时以内］（按播放顺序）：安全须知短片、空中新闻、飞行地标、空中博览，之后最好再加一部目的地宣传短片（最长不应超过 10 分钟）。

二、国内中程航线［航程：一个半小时到两个半小时］（按播放顺序）：安全须知短片、空中新闻、飞行地标、空中博览、搞笑短片（根据航程时间酌情考虑是否播放）、Discovery（根据航程时间酌情考虑是否播放），之后最好再加一部目的地宣传短片（最长不应超过 10 分钟）。

三、国内远程航线［航程：超过两个半小时］（按播放顺序）：安全须知短片、空中新闻、飞行地标、空中博览、80 分钟以内的较新华语电影（要求附带英文字幕）、搞笑短片（根据航程时间酌情考虑是否播放）、之后最好再加一部目的地宣传短片（最长不应超过 10 分钟）。

四、国际短程航线［航程：两个小时以内］（按播放顺序）：安全须知短片、空中新闻、飞行地标、空中博览 Discovery（根据航程时间酌情考虑是否播放），之后最好再加一部目的地宣传短片（最长不应超过 10 分钟）。

五、国际中程航线［航程：两个小时至四个小时］（按播放顺序）：安全须知短片、空中新闻、飞行地标、空中博览、Discovery（根据航程时间酌情考虑是否播放）、60 分钟以内的较新进口电影或海外纪实短片（要求附带中文字幕，根据航程时间酌情考虑是否播放）、搞笑短片（根据航程时间酌情考虑是否播放），之后最好再加一部目的地宣传短片（最长不应超过 10 分钟）。

---

① 资料来源：http://bbs. feeyo. com/posts-history/19/topic-0021-193403. html

六、国际远程航线［航程：超过四个小时］（按播放顺序）：安全须知短片、空中新闻、飞行地标、空中博览、进口电影大片（要求附带中文字幕）、搞笑短片、海外纪实短片（要求附带中文字幕，根据航程时间酌情考虑是否播放）、Discovery（根据航程时间酌情考虑是否播放）、进口电影大片（要求附带中文字幕，根据航程时间酌情考虑是否播放）、以航班航程为准可再酌情加播某些其他节目或电影，之后最好再加一部目的地宣传短片（最长不应超过 10 分钟）。

另外，节目更新的标准：主要根据不同的节目类型确定更新的时间。以"南航天空电视"为例：新闻每日更新；电影每周更新；综合节目每周更新；PMD 系统节目每月更新；AVOD 系统节目每两月更新；节目包装逢重大节假日更新，另外每季度更新。

5.5.5　国航机上影视节目专家指导委员会

2009 年 7 月 21 日"国航机上影视节目专家指导委员会"于北京正式成立，这个由中国国际航空股份有限公司、中国航空传媒广告公司、航美传媒集团共同策划的专家指导委员会邀请了包括著名导演谢飞、贾樟柯以及北京新影联影业有限责任公司副总经理高军、北京电影学院管理系教授俞剑红、《电影世界》主编尚可、著名导演吴宇森等六名影视界和评论界的重磅人物为国航机上影视节目把关人和策划人。今后，国航机上播放的每一部影视节目都将由"专家委员会"讨论确定。他们将从近 200 部优秀国产影片中，综合评判影片题材、制作规模、票房表现及社会影响，逐一打分，以挑选出最适合航空人群的影片，提升航空娱乐以及客舱服务的总体水平。

国航、中航传媒、航美传媒三家共同希望通过"专家委员会"以国际化、专业化、精品化的视角为旅客提供优质服务；使国产电影在航空器播放中占据更多的份额，以期提升机载电影的本土化优势；同时带动并促进国内航空娱乐市场更加规范和专业。

5.6　机载电视广告

目前，广告是航空机载电视的唯一赢利方式，也是机载电视的播放内容之一。目前，国内航空机载电视在飞机内每次航班播放的节目一般在 45 分钟至 1 小时，其中大约 5 到 13 分钟是广告内容。

5.6.1 机载电视广告特点

特点一：广告品牌偏于中高档

航空人群有极强的高端产品消费能力，新富2006数据显示：航空人群无论是对于各种高端产品目前的拥有率，还是未来的预购率都明显高于新富人群对于对应产品消费能力。因而，可以说，在航空电视媒体较高的广告到达率、关注度、信赖度的基础上，其目标受众高的消费能力和意愿增强了航空电视媒体广告对受众的影响力，从而，更进一步稳固了航空电视媒体高端的广告价值。有调查显示，大多数受众认为"机载电视广告里都是中高档的品牌和服务"。目前，航美传媒电视媒体曾播放的广告包括：中国移动、中国联通、奥迪、通用、大众、海尔、诺基亚、LG、民生银行、茅台、五粮液、IBM等众多国内外知名品牌。[①]

特点二：汽车广告成为重头戏

以航美传媒为例，汽车类客户是航美一个很重要的客户群。在中国市场上，汽车的消费者和航美传媒所面对的受众有很大的交集。根据新生代提供的一组数据显示：航美传媒的受众中59.7%的人拥有汽车，而经常乘坐飞机的人群，汽车拥有比例高达76.2%。这说明航空旅客是汽车消费的重要群体。[②]

据统计，航空主流人群中68.3%的人把汽车预购价位锁定在15万以上并且以品牌为购买时的首要考虑因素，这为汽车企业推广新车、促进精品销售提供了绝好机会。与此同时，精准锁定目标客户开展有效宣传，已经成为包括汽车企业在内的广告主的一致共识。因此，捷豹、奥迪、宝马、凯迪拉克、别克、丰田、帕萨特等等众多的汽车品牌公司纷纷先后与航美传媒达成合作，借助中国航空电视联播网及时把广告信息传递给目标客户最为集中的航空受众。在行业合作里面，汽车行业是和航美合作最全的行业。在一个行业里，合作的客户达到这个行业的70%—80%的时候，是值得企业去参与合作行业的活动的。所以在2006年北京国际车展上航美传媒投入了大量的人力、物力进行宣传，同时也能让品牌商之外更多的消费者、

---

① 资料来源：航美传媒网站
② 《新媒体研究：飞机视频广告优势分析》，百度文库 http://wenku.baidu.com/view/3304214bcf84b9d528ea7a18.html

经销商了解航美传媒。

特点三：形式多样

航空机载电视不因广告所占比例小而忽视广告的形式，而是跟传统电视一样，有着丰富的形式供不同广告主选择。例如植入广告、贴片广告、标版广告、栏目冠名、形象代言、大型活动等等。

5.6.2　适合刊登的广告类型

有研究者研究分析了适合在机载电视上刊登的广告类型，可作为机上电视广告未来发展的参考，包括：[①]

城市形象推广、政府引资宣传——乘机旅客多为党政领导、中外客商，影响他们，将迅速提升城市知名度，提高政府威望，招商引资效果明显。

开发区招商——飞机是中外投资人首选交通工具。

旅游（景点）促销——调查表明，经常乘坐飞机的人每年外出旅游 1 - 3 次，并且乘机旅客中 23% 的人就是旅游者。

准上市或上市公司提升企业知名度、美誉度——具有一定知名度、美誉度是准上市公司的必要条件，也是上市公司提升公司形象、获取股民青睐的必要条件。机上电视能在全国范围内有针对性地为上市企业快速提升壮大知名度、美誉度。

企业形象提升推广——广告信息传播讲究投入产出比，机上电视可投入较少的广告费持续提升大中企业形象，这种从高职位、高收入、高消费阶层开始影响至全社会的信息传播，具有事半功倍的效果。

名牌、名品促销——凡定位于高消费人群的产品在机上电视作促销宣传，可以起到以一当百的最佳效果。

中、高档房地产项目促销——中、高档房产的潜在客户正在座位上看机上电视。

证券、银行、保险促销吸储——90% 的乘机旅客为金融业的潜在大客户。

名酒店促销——旅客最想了解的就是目的地的星级酒店情况。

留学中介、高级私立学校招生——高消费人群更关注孩子的未来，他们会在广告影响中选择孩子的未来去向。

---

① 《新媒体研究：飞机视频广告优势分析》，百度文库 http://wenku.baidu.com/view/3304214bcf84b9d528ea7a18.html

5.6.3 部分航空公司机载电视广告简介

中国国际航空集团有航线总数 386 条，其中，国内航线 322 条，国际航线 64 条。广告位置：机舱上方悬挂、大屏幕、机舱内座椅靠背后方。刊例价：538,000 元/30 秒/月，折扣后 375,000 元/30 秒/月。15 秒广告价格自动减半。

中国南航集团目前有 210 架飞机装有闭路电视系统，分别设置于头等舱，公务舱，普通舱。2009 年 9 月 17 日发布的价格为：538,000 元/30 秒/月，336,000 元/15 秒/月，152,000 元/5 秒/月。

四川航空股份有限公司配有机载电视飞机数量：21 架。电视数量：每 9 人/台。形式：液晶显示屏。座位次：近 68 万人次/月。播出次数：近 480 次/月/架。广告时段：片头（介绍完乘机安全须知后）。广告价目：25,000 元/15 秒/月、50,000 元/30 秒/月、100,000 元/60 秒/月、180,000 元/2 分钟/月、270,000 元/3 分钟/月、360,000 元/4 分钟/月、450,000 元/5 分钟/月。

5.7 市场趋势分析

5.7.1 市场总体发展规模

易观国际预测，2011 年中国航空媒体市场规模将达到 62 亿元人民币，从 2006 年到 2011 年年均复合增长率达到 36.8%。[①]

① 《中国航空新媒体市场发展现状与趋势报告 2009》，易观国际 http://www. enfodesk. com/SMinisite/index/jbreportdetail-type-id - 4 - info-id - 2220. html

2006 年 – 2011 年中国航空媒体市场规模

其中，航空数字媒体市场规模增速将高于航空整体市场规模。2011 年，中国航空数字媒体市场规模将达到 16.8 亿元人民币，从 2006 年到 2011 年，年均复合增长率达到 62.9%。①

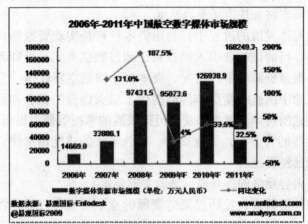

2006 年 – 2011 年中国航空数字媒体市场规模

据世界航空机上娱乐协会（World Airlines Entertainment Association）预测，因机载通讯和实时娱乐服务的范围扩大、客流量增多，到 2016 年，市场规模将增至 96 亿美元，目前规模为 5000 万美元。②

根据 IATA2010 年 2 月的数据显示，中国已经取代日本成为亚太地区最大的航空旅客市场。目前，中国 1400 架商用飞机，而日本仅为 540 架。中国每周有 570 万国内航班座位和每周 140 万国际航班座位。

中国人民大学新闻学院副院长、喻国明教授抛出一个值得我们思考的问题，航美传媒以及所有的航空媒体"是作为富人圈里面的一个媒介，不仅要带来大量的奢侈品，同时也意味着一种责任，就是说如果我们想要在这样一个领域里获得一种可持续性发展，做出百年品牌的话，就应该提供一种更高层面上的服务，一种价值的整合，这包括提供一种结构性的价值，一种生活方式，一种生活态度，一种生活理念。只有这样做，我们才能成为新富阶层精神上的一个朋友"。③

---

① 《中国航空新媒体市场发展现状与趋势报告 2009》，易观国际 http：//www. enfodesk. com/SMinisite/index/jbreportdetail-type-id – 4 – info-id – 2220. html

② 《航空公司大力开发无线服务》，世华财讯 http：//content. caixun. com/NE/00/m8/NE00m87r. shtm

③ 《分众传播待挖掘 航美探寻航空媒体空间》，腾讯科技 http：//tech. qq. com/a/20060925/000253. htm

5.7.2 发展趋势

除了总体规模上的增长，未来中国航空新媒体市场的发展还有以下几个趋势：

趋势一、资本将加快市场整合速度

在航空新媒体发展的过程中，利用资本杠杆是实现资源整合和跨越式发展的重要因素，目前该行业引入的投资已超过数亿美元，投资者主要看重的是企业对核心渠道资源的掌控情况。资本对中国航空新媒体广告市场的火热投入，一方面给中国航空新媒体厂商提供了做大做强的机会和可能，但同时也对其商业模式的再调整能力以及公司扩张后的掌控等能力提出了一定挑战。在市场竞争激烈的背景下，行业整合、优胜劣汰的速度将加快。航美传媒一家独大的格局已经显现。

趋势二、内容质量的提升成发展的关键要素

航空新媒体运营商在经历过渠道资源的竞争与整合之后，将迎来相对稳定的发展时期。在这种背景之下，对于渠道资源的深耕细作，充分发挥自身的内容优势将成为其下一波竞争的关键要素。其中，内容质量的提升主要包括两个方面：一是运营商自身具备内容建设的能力，二是不断拓展内容方面的合作伙伴类型和数量。

趋势三、广告价值认知度进一步提升

目前，航空新媒体的核心竞争力与其他户外媒介的同质化仍然存在。航空新媒体广告效果的整个评测、监测以及分析系统目前还没有完全地建立起来，但是部分航空新媒体运营商已经开始进行了了评估指标的建立工作，这也是未来行业发展的一个挑战。

趋势四、全舱点播系统（AVOD）成大势所趋

国航近几年引进的 A330 – 200 飞机，也是目前国航飞往欧洲的主力机群，都安装了全舱 AVOD 系统，为了更好地满足旅客需求，提高机上娱乐的满意度，国航已将远程宽体机娱乐系统构型定位于全舱 AVOD 系统，也就是说在未来引进的 B777 – 300ER、A330 – 200 和 A330 – 300 都将选装全舱 AVOD 系统，与星盟和一些先进航空公司保持一致。但是，点播系统（AVOD）节目制作周期很长，短则一个多月，长则两三个月，这对机上影视节目中的广告招揽与及时播出带来挑战。

趋势五、便携设备将成发展主流

便携设备以其较低的硬件投资成本、飞机无需任何改装、个性化娱乐（随选）、加强现有嵌入式娱乐系统服务等优势受到越来越多航空公司的欢迎。目前已经有几家公司在亚太地区出售或租赁便携式播放器。在全球市场上，

比较知名的服务提供商包括 digEcor、IMS Inflight、e. Digital、BlueboxAvionics、AIRVOD、松下等。还有一家公司 Mezzo 作为代理或中间商也为航空公司提供便携式播放器。

一个好的机上娱乐便携设备应该具备以下特点：一是具备较大的容量；二是具有与平飞时间接近的续航能力。这一点对于便携式娱乐设备而言非常重要。除了注意电池的续航时间，可拆卸电池的产品也将受到欢迎；三是拥有无线网卡的产品应当提供硬件开关。虽然目前市场上还很难见到提供了无线网卡的手持娱乐设备，但索尼的 PSP 还是为手持娱乐设备的未来指明了方向。面对无线互联时代，越来越多的手持娱乐产品会提供无线网络和蓝牙等功能。在使用这些设备的时候需要注意的是，在没有进行无线网络改造的飞机上，这些设备必须能够关闭无线网络的功能。而在起飞和降落期间，一切便携娱乐设备都要自觉关闭。

目前，国内也有一些航空公司开始在飞机上使用便携设备 PMD。便携式机上娱乐设备（Portable MultimediaDevice）简称 PMD，PMD 的操作方式采用的是触摸方式。7 英寸大小的屏幕既是观看屏幕，也是操作屏幕，使用起来很方便。旅客只需要用手写笔在显示屏上轻轻一点，就可以按照自己的需要选择。例如，南航开始在长沙至北京的航班上推出这项服务，其 PMD 外观富有时代气息，界面设计高雅、时尚。栏目设置科学合理，内涵丰富，包括空中影院、电视剧场、音乐时空、蓝天书屋、天空资讯、游戏酷吧、南航之窗和旅客留言八大板块。可以提供 30 多部电影、2000 多分钟电视节目、500 多首中外名歌名曲、数款经典游戏、精选名著散文以及丰富多彩的资讯，能够较好地满足两舱旅客的娱乐需求。

据了解，目前南航湖南公司暂时只在长沙至北京的航班上推出这项服务，今后将逐步把这款 PMD 机上娱乐设备推广至 2 小时以上的长沙始发航班上。通过设备升级改造，"空中电子点餐"和"空中电子购物"等服务将会很快变成现实。

趋势六、使用自己携带的设备接驳到娱乐系统中

使用自己携带的设备接驳到机上娱乐系统在国外被称作 BYO（Bring your own）。目前机上娱乐系统还落后于标准的消费者电器产品使用需求，航空公司仍要费尽心思投入巨资用于购买大量的影视节目和游戏。如果实现了机上互联网和通讯服务，只需要为旅客提供一个网络平台或显示器，旅客可以把自己的电器装置直接连到飞机系统上，到那时，内容单一的客舱电视屏幕将成为过去。

其实，国外在这一方面已有不少发展。早在 2006 年，苹果电脑公司宣布同法国航空公司、美国大陆航空公司、德尔塔航空公司、阿联酋航空公司、

荷兰航空公司和美国联合航空公司联手，首次将 iPod 与航班娱乐功能进行无缝整合。这六家航空公司为乘客在座位上提供 iPod 接口，乘客可以在飞行途中随时为 iPod 充电，还可以通过坐椅后背的显示屏播放 iPod 中的视频节目。另外，苹果电脑公司正与松下航空电子公司密切合作，将在未来为更多的大型航空公司提供与 iPod 整合的空中娱乐服务。

5.7.3 促进市场的积极因素分析

积极因素一：我国航空事业进一步发展[①]

国家将在 3－5 年内基本形成东中西部、支线干线、客运货运、国内国际运输比较协调、完善、高效、便捷的国家公共航空运输体系，促进民航可持续发展。伴随民用航空事业的进一步发展，航空新媒体的受众将更为广泛，数量将更为庞大。截至 2009 年，国航有飞机 262 架，预计到 2012 年，这一数字将增长到 358 架。南航截至 2009 年有飞机 378 架，2010 年发展成为 412 架。[②] 为了因应广大市场的需求，中国国内各大航空公司积极借助国际合作伙伴方提供的技术支援和节目内容管理经验，大力发展客舱数字化改造。而随着 2009 年中国新飞机的交付使用，新一批机上娱乐系统、设备安装到位，当然已有机队的设施改造和产品升级，也促成了中国航空公司的巨大 IFE 需求，2010 年，在高达 20 亿美元的全球 IFE 市场中，中国的比重有相当的增长。

积极因素二：广告主对于航空新媒体的认可度不断提高[③]

广告主对航空新媒体的媒介价值认可度不断提高，一方面体现在数量上的拓展，尤其是 2007 年以来，广告主数量增加显著。另一方面也体现在广告主的行业板块和规模变化方面。在广告主规模方面，航空新媒体服务对象经历了一个从小到大延伸的过程。此前，由于航空媒体并不具备网络化运营的特质，在广告内容展现方面也仅局限于户外大牌或者传统灯箱等形式，因此，在服务以全国或大区域品牌推广客户方面，能力有所不足。伴随航空新媒体运营商的出现，以及航空新媒体逐步发展，其大客户服务的能力日益提升，更多的品牌客户将航空新媒体作为其媒介方案当中的重要组成部分。这就直接决定了越来越多的汽车行业、通讯行业、金融行业客户加大了对于航空新媒体的投入。包括奥迪、宝马、中国移动、中国联通、诺基亚、上海大众等企业已经将航空新媒体作为常规投放的一部分。

---

① 易观国际《中国航空新媒体市场发展研究专题报告 2009》，http：//www. enfodesk. com/ SMinisite/index/jbreportdetail-type-id－4－info-id－2220. html
② 数据来源：中国民航/东方航讯/2010 年 6 月
③ 易观国际《中国航空新媒体市场发展研究专题报告 2009》，http：//www. enfodesk. com/ SMinisite/index/jbreportdetail-type-id－4－info-id－2220. html

积极因素三：相关评估体系和行业标准的建立

长期以来，与传统电视广告市场相比，由于航空新媒体市场上缺乏规范、权威的受众测量指标，广告主很难评估广告价值和投放效果，也很难进行准确定价、媒介购买和投放计划，因而相当一部分广告主对于航空新媒体广告市场一直持有观望态度。航空新媒体的技术手段可以为相应地广告监播和效果评估工作提供保障，包括 CTR、新生代等均在媒体价值评估、广告效果评估等方面提供相关服务。这也在一定程度打消了广告主之前对于航空新媒体广告投放风险的顾虑。

积极因素四：行业组织和论坛——中国航空客舱商务娱乐（IFEC）发展论坛

中国航空客舱商务娱乐（IFEC）发展论坛 2008 开办第一届，至今已经举办了三届。该论坛由中国航空运输协会（CATA）携手世界航空娱乐协会（WAEA）共同举办。与会方面囊括了包括国内外航空公司；飞机制造商；航空电子系统供应商；机上娱乐设备制造商和系统支持单位；机上娱乐媒体（音频、视频、广播、杂志、游戏等）；移动通讯运营商；机上通讯、联网技术开发商；电讯公司（卫星及地面通讯）；因特网系统供应商；品牌及市场推广咨询公司；客舱系统整合商；部件/插件制造商（触摸屏、电源插座、耳机等）等的所有行业参与者。

下面列举每一届的主要议题，从中，可以看出该论坛对于整个行业发展的推动作用。

2008 年第一届论坛的主要议题包括：

提高客舱设施、商务理念和电子娱乐服务水平，树立国际知名航空服务品牌；理解不同航线上乘客的需求，提供人性化、个性化的航空特色服务；影响机上商务设施、通讯及娱乐项目、广告传媒的因素；为实现全球覆盖，探索客舱资讯和通讯模式的优化方案；着眼未来服务品牌的推广战略等等。

2009 年第二届论坛的主要议题包括：

提高客舱设施、商务理念和电子娱乐服务水平，树立国际知名航空服务品牌；理解不同航线上乘客的需求，提供人性化、个性化的航空特色服务；影响机上商务设施、通讯及娱乐项目、广告传媒的因素；为实现全球覆盖，探索客舱资讯和通讯模式的优化方案；着眼未来服务品牌的推广战略等等。

2010 年第三届论坛的主要议题包括：

中国和亚洲航空公司机上通信的发展现状；国内对全球客舱技术发展的观点与看法；通过创新与实践打造世界性的航空公司品牌；探讨全球 IFEC 业内供应商与国内航空公司需求之间的协作与配合；中国的商业乘客与旅行乘客－航空公司如何满足他们在客舱不同的需求国内航空公司在中期内对

IFE&C 设备的展望；中国对提高利润技术的采购趋势以及如何选择合适的供应商；中国市场航空公司合并对 IFEC 供应商以及持续的产品销售和售后支持的影响等等。

5.7.4 阻碍市场发展的消极因素分析

阻碍因素一、经济危机使得广告主预算审批更为严格

金融危机对于媒体市场的发展还是产生了比较大的影响。尽管广告主的预算在 2009 年的基础上有所回升，但是，广告主在营销预算的审批上将更为严格，更强调投入产出比。一方面，广告主在心态上更趋向于保守，倾向于选择之前合作较为紧密和持久的优质主流媒体，以传统媒体为主，而对于新兴媒体的观望和尝试更为谨慎。

阻碍因素二、机载电视的媒体优势有待加强

在金融危机之下，传统电视媒体的生存空间也面临困境，尤其是部分省级卫视以及未上星电视台的广告售卖状况不佳。在这种情况下，电视媒体出现了不同程度的降价行动，电视媒体的主流地位无疑对于广告主而言形成更大的吸引力，尤其是与新兴媒体相比。航空新媒体的不可替代性尚未建立。

阻碍因素三、引进节目审批时间长

目前，航空机载电视的节目中，有很多是引进内容，特别是影片，有很多是从好莱坞引进的。而根据我国相关规定，这些内容必须经过国家相关部门的仔细审查。报批后的审查时间是 30 个工作日。全部流程下来需要大约 3 个月时间。这大大降低了节目的时效性，削弱了内容的竞争力。

阻碍因素四、国内航空公司的经济实力不济

经济实力较强的新加坡航空、阿联酋航空等，在选片时，可以购买世界八大电影制片商的全部影片。而我国的航空公司囿于经济能力，只能挑选有限的几部。内容的丰富性大打折扣。例如：阿联酋航空公司（Emirates Airlines），每年用于购买好莱坞大片的费用达到几亿美元。该公司作为南非世界杯的赞助商，还在全球各大主要机场的贵宾候机室内进行球赛转播；客舱里由于技术条件限制无法即时播放球赛，但是每次起飞前，地面人员会将最新一场球赛的录像送上飞机。

阻碍因素五、整个行业缺乏组织规范

国际上有航空娱乐协会对整个行业进行一定的组织和规范，帮助整个行业健康有序的发展。但是，目前在国内还没有这样的组织承担这样的责任。因此，相互杀价，无序竞争，不注重版权的事件时有发生。比如，世界航空娱乐协会规定，节目内容版权分为院线版权、电视台版权、航空版权、DVD版权等。而目前国内还缺乏相应的规范。

阻碍因素六、技术设备更新不及时、标准不统一

航空公司对新飞机新系统的选型工作通常在飞机交付前 1 – 2 年开始进行，从首架飞机交付使用到最后一架飞机的交付可能还需要 1 – 2 年，这样一来，在 3 – 4 年前选定的 IFE 系统没有使用几年已经不能满足旅客需求和航空公司的发展。

例如：松下的 3000i 和泰雷兹的 i4000 系统都在国航的主打机型和重点航线上使用，但 PTV 尺寸小，反应慢，操作不便捷，容量小等问题是近年来凸显的问题。娱乐系统厂家不断推出新产品：eFX，eX2，i5000，i8000 等等，而松下的 3000i 仅用了 6 年，泰雷兹的 i4000 系统仅用了 4 年的时间，面对旅客和市场需求航空公司对于那些不好用又扔不掉的设备很头疼，然后需要花大量的资金和时间改造升级那些落后的设备或者"硬着头皮"保持现状，再后来，航空公司的娱乐系统设备五花八门，给设备维护和空乘人员的操作带来很大麻烦。

以国航为例，国航目前的 IFE 系统就有 Hi8、DVD、VHS、SD 卡、AVOD 五种。南航的机上娱乐系统也有 AVOD 个人点播系统；PMD 便携式机上娱乐设备；DVD 多频道播放系统；DVD 单一频道播放系统；DVP 数码视频单一频道播放系统；录像带单一频道播放系统等不同类型。如果娱乐系统在设计上充分考虑系统的兼容性和拓展性，就能够帮助航空公司简便快速地完成系统升级改造，达到产品一致性，节省人力、物力、财力。

5.8　航美传媒——国内最大的航空媒体运营商[①]

5.8.1　概况

航美传媒是专业经营机场及机载电视系统的传媒机构，打造了覆盖北京、上海、广州等全国 50 家主要机场和国航、东航、南航等 9 家航空公司机载电视系统的"中国专业航空媒体网"。总部设于北京，在上海、广州、深圳和成都开设了分公司，并且在全国 20 多个主要城市设有办事处，已发展成一支近700 人的专业传媒人才队伍，加上航美中石化加油站媒体项目的营销团队，2009 年底，航美的员工人数将近 1,000 人。

多年来，航美一直与中国国际航空股份有限公司、中国东方航空股份有限公司、中国南方航空股份有限公司等多家国内航空公司保持了密切的合作，为其机舱电视提供幽默集锦、体育赛事、旅游风光、国内外优秀电影大片等舱内电视节目。2008 年 8 月，航美传媒特别获得了国际奥委会在中国大陆航空媒体领域内的独家授权，为各合作航空公司提供奥运赛事报道、开闭幕式

---

① 资料来源：航美传媒网站 http://www.airmedia.net.cn

盛况以及各类经典赛事回顾，让中外旅客重温各国竞技高手在北京奥运赛场上的完美演绎。

航美传媒获得了国家广播电视总局颁发的《广播电视节目制作经营许可证》、航空影视版权证书等多项资质，建设起了国内最大的航空数字媒体网，并以世界航空娱乐协会 WAFA 成员身份与国际顶级节目制作公司进行着广泛而深入的合作；中央电视台、上海文广、法国 FTV、英国 BBC 等国内外优秀节目供应商以及中影、福克斯、迪斯尼等与几十家著名影视制作公司都与航美传媒建立了合作，丰富的节目资源为航美实现其"愉悦您的旅程"的服务宗旨提供了广阔的平台。

5.8.2　运作模式

航美传媒有着专业运作的模式，包括：销售队伍、执行队伍、售后服务队伍。

销售队伍：了解客户的市场行销策略；分析客户的广告投放需求；选择最恰当的投放组合；提供科学的媒体解决方案。

执行队伍：专业的制作团队；所有节目及广告由北京总部统一制作，合成，发送至各地，保证品质的统一；专业检测/媒体调研；上刊后一周内提供照片版监测报告；机场方及航空公司协同监测并提供盖章播出证明。

售后服务队伍：监管、清洁、维护；每个机场 2—4 人的专业维护队伍，每天对每个播放点巡视 5 次；分组维护和监督，1 人督导 1—3 个专业工程维修人员，于 12 小时内排除故障。

5.8.3　发展战略及业务拓展

航美传媒的发展定位随着其对于航空新媒体市场了解的不断深入而逐步改进。具体情况如下：

在航美传媒致力于定位于"一站式航空媒体服务提供商"，并向"高端网络化户外媒体运营商"的方向迈进的过程中，它主要提供的其整合营销服务

体系如下：

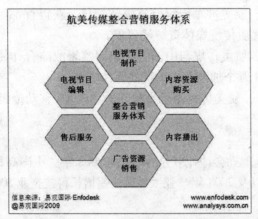

内容建设是航美传媒的一个工作重点。为了让观众在航班上也能尽快看到在院线上映的电影，电影航空版权是航美发力的又一个方向。郭曼说："我们现在要拿到所有的中国电影在中国的航空版权。未来我们还想取得中国的大片在全球的航空版权。"2007 年 5 月，航美传媒参与投资吴宇森的新作《赤壁》，其中一个主要目的就是要拿到《赤壁》的航空版权。

于 2010 年 4 月 21 日公映的谍战电影巨制《东风雨》的出品方也有航美传媒在列。这是航美传媒在成功打造了中国电影航空"院线"的基础上，深度进军影视文化产业的又一重要举措。航美传媒影视业务的角色也从以往的优秀国内电影大片的航空播放平台开始向上游的制作、传播领域拓展，借助覆盖全国的优势媒体资源提高影片的社会影响力和票房号召力。2010 年 3 月下旬开始，航美传媒旗下的覆盖全国 50 多家机场以及 9 家航空公司的独家电视媒体以及首都机场等地的传统灯箱媒体都纷纷重磅推出《东风雨》宣传。据悉，航美传媒今后还将与更多的国产优质影片在制作、宣传等方面开展更为立体的合作，航空媒体成为了影视传播的新亮点。

目前，航美传媒取得的国产电影版权超过 200 部，这也意味着中国最大的航空传媒向文化倾斜。

5.8.4　发展历程及荣誉

2005 年 8 月，航美传媒正式成立。

2005 年 12 月，覆盖 16 家主要机场，6 家航空公司航线的航空媒体网络初步形成。

2007 年 11 月 7 日，航美传媒在美国纳斯达克挂牌上市，股票代码为 AMCN。

2007 年 12 月，航美传媒正式推出机场电视系统之外的第二个数码媒体产品——数码刷屏系统。

2008 年 9 月，航美数字媒体网已覆盖全国 53 家机场、12 家航空公司航线。

2009 年 3 月，航美进军传统航空媒体领域，获得首都国际机场、深圳机场等重点机场的优质传统媒体资源经营权。

2009 年 4 月，航美传媒与中国石化集团签署战略合作协议，计划开发中石化全国超过 2.8 万个加油站中的优质媒体资源。

2010 年 12 月，航美传媒牵手央视开通 "CCTV 移动传媒——民航频道"。

航美荣誉：

2009 年 1 月

航美传媒入选德勤会计师事务所评选的 2008 年 "中国高科技、高成长企业 50 强" 第 6 名，以及 2008 年 "亚太地区快速增长科技企业 500 强" 第 9 名。

2008 年 12 月

航美传媒董事会主席兼首席执行官郭曼被品牌中国产业联盟评为 "改革开放 30 年 30 人" 代表人物。

2008 年 6 月

航美传媒荣获 "2007 - 2008 年度中国传媒百强产业贡献奖"，航美传媒董事会主席兼首席执行官郭曼荣获 "2007 - 2008 年度中国传媒百强产业贡献人物大奖"。（中国传媒百强年会组委会）

2008 年 5 月

航美传媒荣获 "2008 新媒体创新盛典十大影响力创新品牌"，航美传媒董事会主席兼 CEO 郭曼被评为 "2008 新媒体创新盛典十大影响力创新人物"。（新传媒产业联盟、中国经济报刊协会、新传媒网）

2008 年 4 月

航美传媒董事会主席兼 CEO 郭曼被评为 "推动中国户外广告行业发展的功勋人物"。（第五届中国户外广告大会）

2008 年 3 月

航美传媒荣获 "2007 新媒体贡献奖"。（《中国广告》杂志 "中国广告与品牌大会"）

2008 年 2 月

航美传媒董事会主席郭曼被评为 "2007 中国十大管理英才" 奖。（中国政协教科文卫体委员会、全国工商联、中国企业联合会、中国工业经济联合会、中国人民对外友好协会、联合国教科文组织等机构联合主办）

2008 年 1 月

航美传媒荣获 "2007 年度中国十大最具投资价值媒体" 奖，航美传媒董事会主席郭曼荣获 "2007 中国十大新媒体创新领军人物奖"。（首届中国传媒领军人物年会暨第三届中国传媒创新年会）

2007 年 12 月

航美传媒董事会主席郭曼被评为"2007 中国十大杰出 CEO"奖。（华夏时报、天行健国际教育集团联合主办的 2007 年度中国 CEO 高峰论坛）

2007 年 12 月

航美传媒董事会主席郭曼被评为"2007 品牌中国年度人物"奖。（品牌中国产业联盟）

2007 年 11 月

航美传媒被评为"2007 新传媒具投资价值媒体"奖；航美传媒董事长郭曼被评为"2007 新传媒传媒创意产业十大领军人物"奖。（第二届中国（北京）国际文化创意产业博览会新传媒展）

2007 年 3 月

航美传媒被评为"2006 中国广告新媒体特别贡献"大奖；航美传媒董事长郭曼被评为"2006 中国广告新媒体突出贡献人物"大奖。（《中国广告》杂志主办的"2007 中国广告与品牌大会"）

2007 年 1 月

航美传媒被评为"第 3 届中国最具投资价值媒体"；航美传媒董事长郭曼被评为"06 中国十大新媒体人物"（史坦国际）

2006 年 10 月

航美传媒被评为"新媒体 10 强"。（首届中国品牌媒体高峰论坛·暨品牌媒体联盟成立大会上"中国品牌媒体 100 强"的评选中）

2006 年 9 月

航美传媒获得"最具合作价值媒体奖"。（2006 中国广告主峰会·暨首届金远奖）

2006 年 8 月

航美传媒获得"中国传媒新品牌"大奖。（品牌中国总评榜（1980—2005））

2006 年 4 月

航美传媒董事长郭曼被评为"2005－2006 年度中国最具影响力媒体人"。（《CCTV》、《广告导报》主办的"中国广告风云榜"）

2006 年 4 月

航美传媒被评为"2005 年度中国最具影响力的传媒机构 50 强"、"中国最具影响力的航空电视联播网"大奖。（《CCTV》、《广告导报》主办的"中国广告风云榜"）

2006 年 3 月

航美传媒被评为"2005 十大创新传媒"。（新闻出版署《传媒》杂志主办

的"中国传媒创新年会",参加传媒机构包括《CCTV》、《湖南卫视》、《新浪网》、《广州日报》等10家)

2005年12月

航美传媒被评为"2005年度中国最具投资价值的媒体"。("2005年中国传媒投资年会"史坦国际)

5.9 国外航空机载电视简介

国外航空机载电视发展时间较早,已经发展得较为成熟。在世界航空娱乐协会的评价体系中,众多西方航空公司的机上娱乐节目都是五星级,相比国内机上娱乐的两星、或者三星水平,有很大差别,有很多值得我们学习和借鉴的地方。

5.9.1 美国大陆航空公司——直播与点播并行①

2008年1月30日,美国大陆航空公司宣布,与LiveTV公司签订一项服务协议。根据该协议,美国著名卫星电视供应商DIRECTV将为美国大陆航空新一代飞机提供电视节目直播服务。届时,每位乘客都可以在自己的座位上收看36个卫星频道的电视直播节目。从2009年1月开始,乘坐美国大陆航空美国国内航班的乘客就可以享受到此项服务。

此外,美国大陆航空公司的乘客还可以通过机舱内的Wi-Fi无线网络,使用由LiveTV提供的电子邮件及即时消息收发服务。

美国大陆航空公司董事会主席兼首席执行官罗瑞凯先生(Larry Kellner)表示:"由于乘客需要更加丰富的机舱娱乐和通信选择,所以我们一直在密切关注相关技术的发展。现在,我们很高兴能够通过与LiveTV的合作,为乘客提供电视直播节目和通信手段。"

DIRECTV提供高质量的卫星电视节目,涉及体育、新闻、天气、儿童和大众娱乐等众多方面,乘客可以根据自己的喜好选择观看。这些卫星电视节目通过机载娱乐系统进行播放,包括CBS、NBC、FOX News、CNN Headline News、ESPN、Animal Planet、The History Channel、Food Network、Nickelodeon、MTV以及其他广受欢迎的电视频道。此外,这套机载娱乐系统还能提供移动地图以及其他信息类和娱乐类内容。头等舱乘客可以免费收看这些电视节目。经济舱乘客只需支付6美元就可以收看。

---

① 资料来源:《美国大陆航空推出电视直播和电子邮件服务》,新浪航空 http://mil. news. sina. com. cn/s/2008-02-01/0856483915. html

作为 JetBlue 的全资子公司，LiveTV 是全世界商业航空机载直播娱乐和通信连接服务领域的佼佼者。

2009 年 6 月 10 日，美国大陆航空又宣布，其全部波音 777 机队已安装影音点播娱乐（AVOD）系统。

美国大陆航空的波音 777 型飞机目前为每天直航往返香港－纽约、北京－纽约、上海－纽约、东京－纽约，以及东京－休斯顿的跨太平洋航线提供服务。今后，乘坐上述航线的乘客不仅能够享受美国大陆航空屡获殊荣的机舱服务，更能够体验精彩丰富的机上娱乐系统。

美国大陆航空的 BusinessFirst 商务头等舱和经济舱的所有座椅都已安装这个新系统，乘客可选择最多 250 出电影、350 个短片节目、3,000 首音乐、25 个互动游戏，以及由 Berlitz Word Traveler 提供多个学习外语的节目。启动该系统后，乘客便可以挑选他们所喜爱的节目。该系统的轻触式屏幕能够按使用者的需要，随时把正在收听或收看的节目停止、暂停、倒后，以及快速前进。

美国大陆航空亚太区总裁邓肯先生表示：“全新的影音点播娱乐系统推出以来，屡获乘客的好评。在目前困难的经济环境下，该系统是我们最能够赢取客户欢心的产品之一。”

5.9.2　阿联酋航空——ICE 系统打造“空中娱乐场”①

2008 年，阿联酋航空公司（下称“阿航”）连续第四年荣获令人垂涎的 Skytrax 2008 年度最佳机上娱乐大奖。

从 2007 年 8 月至 2008 年 6 月，来自 93 个国家的 1500 多万名乘客参与了 Skytrax 涉及航空业数个领域的“全球航空公司调查”。奖项评选的标准包括机上娱乐节目的质量、最佳精选电影、电视和纪录片以及最佳音频节目。耳机质量和音效、音频节目的编排、游戏、屏幕尺寸也在考评范畴之内。

---

① 《阿联酋航空机上娱乐四度蝉联 Skytrax 大奖》中国网 http：//www. china. com. cn/news/txt/2008 –08/21/content_ 16289453. htm

阿联酋航空公司乘客通讯及视觉服务部门副总裁帕特里克·布兰里尼（Patrick Brannelly）表示："连续四年获得该奖项是一个不可思议的成就，但也再度证明阿航在机上娱乐产品上的巨大投入已广受青睐。我们在前沿科技上投入巨资以保证乘客能够在尽情享受娱乐节目之余，还能与地面上的亲朋好友保持联络"。

自 1992 年起，阿航就为打造最好的机上娱乐投入巨额资金，并成为世界第一家在飞机上所有舱位的全部座位上安装个人视频系统的航空公司。

2003 年，阿航全面推出 ICE 系统，并将其迅速发展成为引领航空业界的娱乐系统。乘客们一伸手就可以从 600 余个娱乐频道所提供的数百部电影、电视剧和音频节目中选择自己所好。节目语言包括英语、阿拉伯语、印度语、乌尔都语、中文和日语。

阿联酋航空自主构思的 ICE 系统，打破了传统产品纯娱乐的界限，并创造独一无二的增值创新服务，比如成为首家提供机上移动电话通讯系统的航空公司。该系统允许乘客通过接打手机和收发短信与地面上的人进行联络沟通。阿航提供的其他特色服务包括安装在座椅靠背上的短信（SMS）和无线E-mail 服务系统，以及在飞行全程中实时更新的新闻。

另外，阿航是世界上首家为存在听力障碍的乘客提供标准化编码电影字幕的航空公司。阿航的新特色包括用于浏览照片和 PDF 格式文件的 My USB 数据线接口，以及可以让乘客从将近一万首音频文件中自行编选出自己的收听列表的 My Playlist 音乐列表。

阿航 ICE 数码宽屏系统配备的屏幕是所有航空公司中最大的。安装在每个座椅靠背后的系统都配有一个先进的 ICE 电视遥控器、带标准键盘的具备卫星电话和游戏操纵手柄双重功能的手机、阅读灯调节按钮和栩栩如生的 3D 飞行实况录像。头等舱的乘客可以使用一个独特的无线掌上控制器来挑选娱乐节目、调节座椅位置和灯光以及选择按摩功能。60% 以上的阿航飞机都配备了 ICE 系统或 ICE 数码宽屏系统，二者为乘客提供的机上娱乐选择远多于其他航空公司。

ICE 数码宽屏系统让阿航乘客享受到业界最大的宽屏电视。

ICE 系统提供 600 余个频道，让儿童和成人都有充分的选择余地。

5.9.3　大韩航空——以"Beyond"晋升"完美娱乐"

2007 年，大韩航空赢得世界航空娱乐协会（WAEA）最高荣誉－2007 年度 Avion 大奖，在"机舱娱乐最佳成就"和"亚洲及澳洲地区最佳"两个类别中名列前茅。对大韩航空机舱娱乐而言，高票当选 Avion 大奖不仅代表着一项荣誉，更是对公司实现"完美娱乐"既往努力的肯定，并与公司"完美飞行"的企业使命高度一致。

正是在 2007 年度，大韩航空在机舱服务方面投入巨资，使各个等级的机舱乘客都可享受到 AVOD 服务，同时还推出了全新"Beyond"娱乐指南等富有创意的娱乐升级服务。

2005 年 8 月，大韩航空在一架 B777－200 客机上首次安装了面向所有等级客舱的全套 AVOD 系统。自此，公司逐渐将 AVOD 系统扩展到了 22 条长途航线上，并为所有乘客提供 50 余部电影和 4700 余首歌曲。同时，为帮助乘客方便地查找喜爱的节目，大韩航空还开发了一套全新的娱乐指南手册，名为"Beyond"，它不仅可提供节目信息，还包括文化、时尚、音乐和娱乐方面的专栏文章和特写，为乘客提供各种娱乐内容。

5.9.4　国泰航空——StudioCX 机上娱乐系统

早在 2005 年，国泰航空机上娱乐系统就获得了世界航空娱乐协会"最佳

机上视像节目 - 长途航线"殊荣。

国泰航空航机的座位均设有个人电视，其 StudioCX 机上娱乐系统为乘客提供超过 20 个娱乐频道的节目。此外，"自选视听娱乐服务"更提供逾 350 小时的视像节目，供长途航班的头等及商务乘客选择。

2006 年起，国泰航空为其客机选用新一代的 StudioCX 机上娱乐系统使用界面，务求更方便乘客浏览电影、音乐、信息及短片，再配合一些细节上的更新，令整体的娱乐享受进一步提升。机上屏幕的新功能让乘客更快捷方便地享用机上娱乐，获取关于诸如目的地和机上购物等信息，以及机上电话和电邮的使用指南。而各种娱乐节目亦可按照语言来分类选择。头等及商务客舱的乘客更可以制作自己的空中"点唱机"。这项全新功能让乘客可以从 100 张激光唱片中选择并炮制属于自己的音乐播放列表。经济客舱的系统亦新增按键，供乘客查看每个娱乐节目所剩余的播放时间。而所有客舱的新系统，均换上全新风格的屏幕画面设计。

2008 年奥运会期间，国泰会把前一天的精彩赛事精华片段，上载到 StudioCX 机上娱乐系统的新闻频道内播放，让乘客可掌握北京奥运的最新情况。与此同时，国泰同时亦会于机上娱乐系统内的 Airshow 信息频道，提供最新的奥运奖牌排行榜。奖牌榜信息每小时更新，以便乘客掌握世界各国奥运成绩的最新走势。

5.9.5 卡塔尔航空——Oryx 机上娱乐系统建造"空中乐园"①

2008 年，卡塔尔航空公司发布新一代机上娱乐系统，该系统搭载于刚刚交付卡航的波音 777 飞机上，为每位乘客提供超过 700 种的机上娱乐选择。

重新打造的 Oryx 娱乐系统"空中乐园"拥有 150 多部国际影片、150 个小时的电视节目、50 多种游戏和 500 张 CD。该系统在屏幕上有一个独特的图形使用界面，旅客可以通过座椅后背触摸屏式电视监控器或者安装于每个座椅上的手持设备浏览频道，选择喜欢的娱乐节目，并有 8 种语言可供选择。

5.9.6 新加坡航空——KrisWorld 机上娱乐系统②

KrisWorld 是新航的娱乐系统，这套高级系统投放到新航机队里所有机队的各个舱位上。自 1995 年推出以来，现在一共有 3 个版本并存。

KrisWorld with Wisemen 3000：

这套系统源自第一代的 KrisWorld，在 2000 年的时候，新航在 747 - 400

---

① 《卡塔尔航空公司启用新一代机上娱乐系统》，东航网 http：//www．ce-air．com/ceair/static/xsdh/dhxw/200812/t20081224-7234．html

② 《新加坡航空机上娱乐系统介绍》，新浪博客 http：//blog．sina．com．cn/s/articlelist-1368589977-5-1．html

上推出了 Skysuite 的头等舱以及 Ultimo Seats 的莱佛士商务舱，同时新航决定升级娱乐系统，装上了 Wisemen 3000 系统。

Wisemen 3000 系统是松下电子设备 Matsushita Avionics Systems 3000i 娱乐系统的衍生版本，具有 Audio/Video on Demand（AVOD）功能。新系统的特色包括：1、提供更多的频道，包括 30 个电影、20 个电视以及 10 个卡通动画频道。2、具有 Audio/Video on Demand（AVOD）音频/视频点播系统。3、头等舱拥有 14 寸的屏幕。

但是，经济舱仍然采用循环播放的旧系统。

Enhanced KrisWorld：

2002 年，新加坡航空开始引入增强版的 KrisWorld。新版本的娱乐系统增加了娱乐频道，以及使经济舱的座位也拥有 AVOD 音频视频点播系统。改进的内容包括：1、娱乐节目增加到 60 个电影频道，100 个电视频道和 30 个卡通动画频道；2、225 个音乐转辑可供选择；3、在莱佛士商务舱提供更大的电视屏幕（SKYBED 座椅）；4、提供 20－30 个 PC，任天堂和可功多人联机的游戏；5、全部舱位提供 AVOD 点播系统；6、Berlitz World Traveller 语言学习系统。

New KrisWorld：

在 2007 年，新航推出了新的 KrisWorld 系统，衍生于 Red Hat Enterprise Linux 系统。这组系统采用了全新的界面，提供更多的节目，以及以音频视频点播作为了标准配置。头等舱拥有 23 寸的 LCD 屏幕，商务舱拥有 15 寸的 LCD 屏幕。就连经济舱也拥有 10.6 寸的 LCD 屏幕。所有舱位都采用宽屏幕的设计。而系统的内容包括：1、100 部电影，180 个电视娱乐节目，超过 700 张 CD 供选择播放；2、世界上首家航空公司提供的 3G 游戏以及任天堂游戏；3、Berlitz World Traveller 语言学习系统；4、USB 闪存插口和网络插口；5、经济舱的 PTV 有不会打扰邻座的 LED 阅读灯；6、新的飞行航图的界面；7、新的松下 Panasonic ex2 耳机；8、新版本的两面 PTV 遥控，并包含了键盘。

5.10　世界航空娱乐协会（WAEA）

作为世界上最大的机上娱乐通讯行业协会，世界航空娱乐协会 WAEA 是成立于 1979 年的一个非盈利性组织，总部位于美国的纽约。由 11 人组成的董事会负责管理整个 WAEA 的工作，日常工作则由一名执行主席负责主持。

目前，WAEA 拥有超过 350 家成员单位的规模（包括 100 多家会员航空公司和 250 多家航空支持单位）。成员主要包括：国际性和地区性的航空公司、飞机生产商、电影制片公司、广播电视机构、机上娱乐系统生产商、音视频设备生产商、音乐制作商、唱片公司等等。

关于 Avion 大奖：WAEA 每年评选拥有最佳机上娱乐节目（IFE）的航空公司获得 Avion 大奖。该奖项由一个全球媒介专家组成的独立组织负责评选，并在每年的年会上进行宣布。

机上娱乐系统（IFE）到如今已经发展成为包括通讯、信息、互动服务等各种娱乐方式的综合系统。机上娱乐系统也指把这些娱乐内容传送给乘客的硬件和软件。机上娱乐系统不仅能够切实提升乘客的飞行体验，还能提升航空公司的品牌。

后 记

　　雪后的北京虽有寒意，却透着令人舒畅的清新，而此时的我既忐忑，又轻松。忐忑的是拙作终于要直接面对大家的检阅了。轻松的是，两年多来的忐忑、焦灼与困惑终于可以告一段落。

　　本文所涉及的交通工具移动电视范围很广，近年来发展迅速，但似乎还没有一本专著集中而全面的展示这个行业。这是一本入门类的概论，分析和研究不是本书的任务，留待后续课题做进一步研究。交通工具移动电视整个行业近年来发展迅速但创新不够，地位虽有大幅度提升但依然不够主流，这些都给本书的写作带来了一定的困难，加上本人才疏学浅，仅在我力所能及的范围内进行了尽可能全面的梳理和介绍，难免有很多缺陷和不足，希望以后能有机会进一步补足和完善。

　　在本书的写作过程中，我参考借鉴了国内外多家研究机构的研究成果，也有很多学界、业界人士的研究文章，他们的研究给我很多启发和帮助，在此一并表示感谢！对于引用和参考的相关内容，我已尽量通过注释的方式进行了说明，如有遗漏，请见谅。本书由于各种原因推迟出版，因此，很多数据在时效上难免落后，另外，由于行业发展迅速，可能有很多变化未能在书中得以及时准确地体现，望读者海涵和指正！

　　在本书的成书过程中，我走访了多家交通工具移动电视运营商，从他们那里得到了很多详细的资料和热情的帮助，其中包括巴士在线传媒有限公司总编辑陈光裕先生、鼎程传媒首席运营官李平女士、鼎程传媒市场总监胡浩先生、航美传媒品牌执行总监贾小蕾女士、航美传媒市场部公关经理张渊源女士、中航传媒影视中心副总经理陈凤州先生等，谢谢各位的热心和耐心。

　　感谢新华社新闻研究所原所长房方，感谢新华社新闻研究所学术委员会唐润华主任，在他们的鼓励和指导下我才得以完成此书稿。

　　感谢我身边的同事们，在此不一一列举姓名，在我写作过程中遇到困难时，是他们一直给我以鼓励，让我有信心坚持下来。

　　感谢我的家人和可爱的女儿。本书酝酿之时，女儿还未出世，到如今拙作正式出版，她已经年满两周岁了。本书的成书过程与生命的成长竟然如此相似，痛并快乐着，一路走来总是有很多遗憾和不满足，但是，这应该是做任何一件事都必然经历的过程吧。

陈怡

2011 年 12 月于新华社鲁谷工作区

感谢北京市仁爱教育研究所对本系列丛书出版的大力支持